石墨烯强韧化

复相陶瓷刀具材料

及性能研究

李作丽 孙 芹 著

化学工业出版社

·北京·

内 容 简 介

《石墨烯强韧化复相陶瓷刀具材料及性能研究》详细地分析了石墨烯强韧化氧化铝基陶瓷刀具材料的设计及性能：通过在氧化铝基陶瓷刀具材料中加入石墨烯来调节界面结构，借助计算力学技术和有限元分析技术，分析了陶瓷复合材料微观结构与宏观力学性能之间的关系，设计并构筑了石墨烯强韧化氧化铝-碳化钛复相陶瓷材料界面，引入多种强韧化机制，以显著提高陶瓷刀具材料的切削性能。这对提高淬硬钢等难加工材料的加工效率具有重要的实际意义，也对后续石墨烯的分散方式以及石墨烯的改性方式的研究提供理论依据。

本书可供刀具设计人员及高等院校相关专业院校师生参考。

图书在版编目 (CIP) 数据

石墨烯强韧化复相陶瓷刀具材料及性能研究/李作丽，孙芹著.—北京：化学工业出版社，2020.12
ISBN 978-7-122-38215-3

Ⅰ.①石… Ⅱ.①李…②孙… Ⅲ.①石墨-纳米材料-复相-陶瓷刀具-研究 Ⅳ.①TB383②TG711

中国版本图书馆 CIP 数据核字 (2020) 第 243968 号

责任编辑：万忻欣 李军亮		文字编辑：陈 喆
责任校对：王素芹		装帧设计：刘丽华

出版发行：化学工业出版社 (北京市东城区青年湖南街 13 号 邮政编码 100011)
印 装：北京盛通商印快线网络科技有限公司
850mm×1168mm 1/32 印张 6¼ 字数 180 千字
2021 年 3 月北京第 1 版第 1 次印刷

购书咨询：010-64518888 售后服务：010-64518899
网 址：http://www.cip.com.cn
凡购买本书，如有缺损质量问题，本社销售中心负责调换。

定 价：68.00 元 版权所有 违者必究

前 言

　　氧化铝基陶瓷刀具材料在硬度、化学稳定性、耐热性和耐磨性等方面均有良好的表现，在高速切削领域有着硬质合金刀具材料无可比拟的优点，但由于其强度、断裂韧性、热导率和抗热震性较低，限制了其在高速切削中的广泛应用。石墨烯是一种由碳原子紧密堆积构成的二维晶体，是目前最薄也是最坚硬的纳米材料，具有超大的比表面积、超高的强度和韧性，它的出现为陶瓷刀具材料的强韧化提供了新的可能和手段。

　　本书基于第一性原理和有限元仿真分析，针对淬硬钢、超高强度钢等难加工材料的高速加工，将多层石墨烯纳米片作为陶瓷刀具材料的强韧化相，设计并构筑石墨烯-复相陶瓷微观结构，利用石墨烯超大的比表面积和二维结构，引入裂纹偏折、裂纹分叉、石墨烯纳米片拔出、桥接等多种强韧化机制，从而显著提高陶瓷刀具材料的力学性能。研究石墨烯强韧化陶瓷刀具高速切削时的摩擦磨损特性、刀具寿命和加工表面完整性，以及石墨烯对其的调控作用，对于丰富刀具设计理论，提高切削加工效率及加工质量，具有重要的理论和实际意义。

　　本书共分 5 章。第 1 章重点介绍了陶瓷刀具材料的发展、研究现状以及研究方法。第 2 章利用基于密度泛函理论的第一性原理方法计算了氧化铝、碳化钛和石墨烯的能带结构和态密度等，进行了体性质、表面性质的分析，确定了最稳定的热力学表面，建立了石墨烯强韧化氧化铝-碳化钛复相陶瓷刀具材料中特定界面的模型，进行了界面性能计算，分析了界面稳定性和成键特征，研究了界面性质，为微观结构有限元模型提供了各向异性常数等参量。第3章采用Voronoi镶嵌来表征晶粒，基于内聚力单元法（Cohesive Zone Method，CZM），建立了石墨烯-陶瓷刀具材料微观结构的参数化有限元模型，基于三点弯曲试验的有限元模拟及数值均匀化理论，建立了抗弯强度和断裂韧性预报模型，研究了材料组分、添加相体积分数及粒径对宏观材料的断裂韧性和抗弯强度的影响，为材料组分设计提供理论指导。第4章根据材料性能预报结果制备了石墨烯强韧化氧化铝-碳化钛复相陶瓷刀具材料，测试其力学性能，表征其微观结构，优化了石墨烯含量，并揭示了石墨烯的强韧化机理。第5章应用所设计的石墨烯强韧化刀具进行淬硬42CrMo钢的连续干切削试验，并与不含石墨烯的氧化铝-碳化钛刀具及商用刀具进行对比，通过分析切削力、切削温度及刀具寿命来研究所研制刀具的切削性能，进一步验证设计方法的可行性和石墨烯的强韧化效果。

本书由山东交通学院李作丽、孙芹老师完成，笔者在研究过程中得到山东大学工程机械学院赵军教授和张进生教授的热情指导，并且得到了山东交通学院博士科研启动基金项目氧化铝基陶瓷刀具材料微观结构晶界设计研究（BS201901041）、宽幅面硬质石材高效锯切加工技术的基础研究（BS201901040）和"攀登计划"重点科研创新团队——高端装备与智能制造（sdjtuc18005）的资助，在此表示衷心感谢。

特别说明的是，本书为黑白印刷，部分图例、曲线无法区分，对于这些图，读者可扫描下方二维码查看彩色版，提供彩色版的图均在图题后以"（电子版）"进行了标注。

由于笔者水平有限，书中难免存在一些不足之处，真诚欢迎广大读者批评指正。

著　者
2020 年 9 月

目 录 ━━▸▸▸

**第3章 基于微观结构有限元分析模型的陶瓷 68
刀具材料性能预报**

第4章　石墨烯强韧化复相陶瓷刀具材料制备及 ⬤118 力学性能

第1章

陶瓷刀具材料概述

1.1 切削刀具材料

切削加工是机械制造业中的一种重要基础技术，包括切削在内的"精密及超精密加工"是工业强基工程（"中国制造 2025"五大工程之一）中十二项先进基础工艺重点突破口之一。高速切削加工技术已成为、并在将来很长一段时间里仍是切削加工的主流和研究热点，而其中高速切削刀具技术则是高速切削中的核心要素[1,2]。目前用于高速切削的刀具材料主要包括金刚石（PCD）、立方氮化硼（CBN）、陶瓷、TiC(N) 基硬质合金（金属陶瓷）、硬质合金涂层和超细晶粒硬质合金等[1,2]。随着现代材料制造技术的发展，各种高硬度、高耐磨工件材料层出不穷，这对高速切削刀具提出了更高的要求，因此研究刀具材料对促进高速切削技术的发展具有重要意义。

由于高速钢和硬质合金刀具强度高、韧性好、价格便宜，现在仍是应用最多的刀具材料，但其耐磨性、耐热性差，不适合用于高速加工领域。陶瓷刀具材料具有很高的硬度/耐磨性、化学稳定性，在高温合金、淬硬钢、超高强度钢等难加工材料的高速加工领域具有特有的优势，而且其主要原料 Al、O、Si 等是地壳中最丰富的元素，具有广阔的应用前景。然而由于陶瓷刀具材料的强度、断裂韧性、热导率和抗热震性较低，限制了其在高速切削中的广泛应用，因此，强韧化是陶瓷刀具材料研究的不变主题[3,4]。针对陶瓷刀具材料强度、韧性低的缺点，多年来采用的"传统"强韧化方法是通过向陶瓷刀具材料基体（常用的是 Al_2O_3 和 Si_3N_4）中添加 ZrO_2、TiC、（W,Ti）C、Ti（C,N）、TiB_2、SiC 颗粒、SiC 晶须等增韧相，采用相变增韧、颗粒弥散增韧、晶须增韧以及几种增韧机制的协同增韧等方式来提高陶瓷刀具材料的性能[5,6]（增韧为主）。进入 21 世纪以来，随着纳米粉体技术的迅速发展，发展了纳米复合陶瓷刀具材料，通过晶粒细化、亚晶界、内晶型结构及穿晶断裂等机制提高了陶瓷刀具材料的性能（增强为主）。然而由于陶瓷材料都是由离子键或共价键所组成的多晶结构，缺乏能促使材料变形的滑移系统[7]，即使可以通过上述"传统"增韧化方法和采用纳米复合陶瓷来提高其强度和韧性，强韧化效果也是有限的。

石墨烯是一种由 sp^2 杂化的碳原子以六边形周期排列形成的二维结构，其厚度只有 0.335nm，是目前世界上发现的最薄却最坚硬的材料，同时也是其他维碳材料的基本结构单元（图 1-1）。石墨烯自 2004 年被成功制备以来，因其独特的结构和性能备受人们青睐。单原子层石墨烯材料理论表面积可达 2630m^2·

g^{-1}，室温下电子迁移率高达 $2\times10^{5}\,\text{cm}^{2}\cdot(\text{V}\cdot\text{s})^{-1}$，电阻率低至 $10^{-6}\,\Omega\cdot\text{cm}$，热导率约为 $5300\text{W}\cdot(\text{m}\cdot\text{K})^{-1}$，透光率高达 97.7%，弹性模量约为 1100GPa，强度达 130GPa，断裂强度约为 125GPa，与碳纳米管相当。同时，其独特的结构使其具有室温量子霍尔效应、量子隧道效应、双极电场效应和良好的电磁性等特殊性质[8-10]。这些优异的性能，使其在能源、微电子、复合材料、信息及生物医药等领域具有广阔的应用前景。

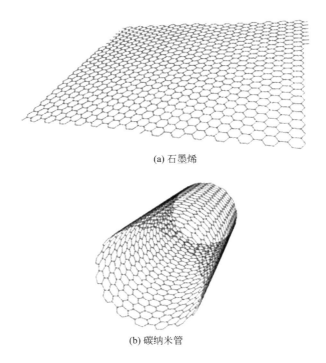

(a) 石墨烯

(b) 碳纳米管

图 1-1　石墨烯和碳纳米管

材料的结构有多个尺度层次，各层次上的结构和缺陷对材料的性能均有影响[11-13]，其中材料的微观结构，特别是界面的影响非常显著。界面是连接基体和增强体的纽带，具有抑制裂纹扩散，减缓应力集中的作用[14]。因此实施界面调控有利于提高材料的力学性能。相对于传统的强韧化相（微米级颗粒、晶须）和其他新型强韧化相（纳米颗粒、碳纳米管），石墨烯具有单原子层二维结构、很高的结构稳定性、超大的比表面积以及极高的力学、热学性能，将其加入陶瓷刀具材料中，可引入裂纹分叉、裂纹偏折、石墨烯拔出、桥接等多种机制[15]，有利于陶瓷刀具材料的增强补韧。由于石墨烯拥有超大的比表面积，较少的添加量即可获得很好的强韧化效果。近年来，由于制备方法及工艺的革新，石墨烯能够较大批量生产，使得生产成本降低，有利于石墨烯的工程化应用[16]，从而为石墨烯强韧化陶瓷刀具材料的开发提供了便利。

淬硬钢经淬火处理后硬度可高达 $45\sim65\mathrm{HRC}$，机械强度高，抗疲劳磨损能力强[17,18]，被广泛应用于轴承、汽车、模具等工业领域。但淬硬钢的热导率低，车削时的抗力又大，使得刀尖容易磨损，在切削加工此类材料时，刀具材料既要有很高的抗弯强度，又要有较高的耐热性，因此开发力学性能优异的刀具材料对提高淬硬钢的切削加工效率具有重要意义。

1.2 陶瓷刀具材料的发展及研究现状 ≪≪≪

1.2.1 陶瓷刀具材料的发展

刀具材料的发展史可以说是金属切削加工的发展历史的缩影。按照出现的时间先后顺序，刀具材料依次出现了碳素工具钢、合金工具钢、高速钢、硬质合金、涂层、陶瓷、金刚石（PCD）和立方氮化硼（CBN），各种刀具材料的优缺点见表 1-1。陶瓷刀具材料具有很高的硬度和耐磨性，且制备方法多样，因此具有广阔的应用前景。

表 1-1　各种刀具材料优缺点及适用场合

名称	优点	缺点	适用场合
碳素工具钢	成本低，来源丰富，适合冷、热加工，热处理后硬度高，常温耐磨性好	淬透性差，易开裂和畸变，高温耐磨性和热强度差	适用于制造形状简单的刀具、量具和木工刀具
合金工具钢	强度、硬度、耐磨性和耐热性较碳素工具钢有所提高	耐热性相对较差	可用于制作量具、刀具、耐冲击工具等
高速钢	强度高，韧性好，刃磨后切削刃锋利，质量稳定，可加工性好	价格高，耐热性中等，热塑性差	制造各种复杂刀具（如钻头、丝锥、拉刀、成型刀具、齿轮刀具等）。加工从有色金属到高温合金的各种材料
硬质合金	常温硬度高、强度和韧性均较好，耐磨、耐热、耐腐蚀，具有较高的红硬性，允许的切削速度远高于高速钢，加工效率高	抗弯强度低、冲击韧性差、脆性大，承受冲击和抗振能力低	可切削诸如淬火钢等硬材料，被广泛用来制作各种刀具。在我国，绝大多数车刀、端铣刀和深孔钻都采用硬质合金制造
涂层	比基体材料的耐磨性高，摩擦系数低	制造成本高，工艺复杂	适用于干切削和加工高硅铝合金、钛合金、镍基合金、不锈钢、高强度高温合金钢、纤维增强合成树脂等难加工材料
陶瓷	原材料丰富，耐磨性好，硬度高，耐高温，红硬性好，在 1200℃ 的温度下仍能切削，耐磨性和化学惰性好，摩擦系数小，抗黏结和扩散磨损能力强	脆性大，断裂韧性低，抗弯强度低	适用于高速切削难加工的高硬度材料

续表

名称	优点	缺点	适用场合
金刚石（PCD）	具有极高的硬度和耐磨性、低摩擦系数、高弹性模量、高热导率、低热胀系数，与非铁金属亲和力小	可加工性差，磨削比小，遇热易氧化和石墨化，与铁元素亲和力大，不适合切削钢铁	适用于切削高精度及粗糙度很低的非铁金属、耐磨材料和塑料，如铝及铝合金、黄铜、预烧结的硬质合金和陶瓷、石墨、玻璃纤维、橡胶及塑料等
立方氮化硼（CBN）	具有很高的硬度、热稳定性和化学惰性，对钛系金属元素有较大的化学稳定性	单晶立方氮化硼晶粒尺寸小，存在易劈裂的解理面，容易发生解离破损	加工淬硬钢、喷涂材料、冷硬铸铁和耐热合金等

陶瓷刀具最早出现在 20 世纪 30 年代，一直到 50 年代以前，陶瓷刀具材料的发展以纯氧化铝陶瓷为主；60～70 年代成功研制出氧化铝-碳化钛热压复合陶瓷；70～80 年代初期氮化硅基陶瓷和氧化锆相变增韧陶瓷有快速的发展；80～90 年代出现了晶须增韧陶瓷刀具材料；进入 21 世纪之后，各类纳米增韧陶瓷刀具材料、多元复合陶瓷刀具材料及陶瓷涂层刀具材料层出不穷。

由于陶瓷刀具材料硬而脆，可加工性较差，因此所制备的刀具形状往往较为简单，一般为可转位刀片。随着陶瓷刀具材料性能的提高以及切削、磨削技术的发展，一些形状复杂的陶瓷刀具开始出现，Kennametal 推出了 Beyond KYS40 整体陶瓷立铣刀，Greenleaf 开发了 Excelerator 球头立铣刀，在刀具寿命和切削效率上都有大幅的提升。

1.2.2　陶瓷刀具材料的分类

常用的陶瓷刀具材料主要是氧化铝基陶瓷、氮化硅基陶瓷和

Sialon 系列陶瓷，其他基体的陶瓷刀具材料也有应用，如氧化锆（ZrO_2）基、硼化钛（TiB_2）基和碳氮化钛（TiCN）基，但应用较少[19]。

氧化铝基陶瓷以氧化铝为基体相，通过添加碳化物、氮化物或硼化物等不同增强相制备而成。按增强相不同可分为纯氧化铝陶瓷、氧化铝-碳化物陶瓷、氧化铝-氮化物陶瓷、氧化铝-硼化物陶瓷、氧化铝-金属系陶瓷和 SiC 晶须增韧氧化铝陶瓷等。纯氧化铝陶瓷是以氧化铝为主并添加少量其他元素，如 MgO、NiO 等；氧化铝-碳化物陶瓷是指在氧化铝中加入一定比例的碳化物，如 TiC、WC、TaC 和 NbC 等，并采用 Mo、Ni、Co 等金属作为黏结相热压而成的陶瓷刀具材料；氧化铝-氮化物陶瓷、氧化铝-硼化物陶瓷是指在氧化铝基体中加入氮化物或硼化物如 TiN、TiB、Ti(C、N) 等；氧化铝-金属系陶瓷是指在陶瓷刀具材料中加入 10% 以下的 Cr、Mo、Ti、Co、Fe 等金属元素。纯氧化铝陶瓷力学性能差，已很少作为刀具材料使用。氧化铝复合陶瓷刀具材料硬度高、化学稳定好性和抗氧化能力强，但强度和断裂韧性相对较低，适用于高速切削冷硬铸铁或淬硬钢等硬而脆的金属材料[20]。

氮化硅基陶瓷以氮化硅为原料，添加少量的氧化镁、氧化铝或氧化钇等烧结而成，具体可分为：①纯氮化硅陶瓷，主要以 MgO 为添加剂；②复合氮化硅陶瓷，在氮化硅陶瓷基体中加入 TiN、TiC、Ti(C、N)、ZrO_2 等作为硬质弥散相；③晶须增韧氮化硅陶瓷，主要加入碳化物晶须，如 SiC。氮化硅基陶瓷的抗弯强度可达 $700 \sim 850\text{MPa}$，断裂韧性可达 $5 \sim 7\text{MPa} \cdot \text{m}^{1/2}$，并具有较好的耐磨性和良好的抗氧化性，切削时工件表面加工质量好，适合切削易产生积屑瘤的工件材料，但不适合加工钢材[21]。

Sialon 陶瓷是氧化铝和氮化硅的固溶体，以氮化硅为硬质相，以氧化铝作为耐磨相，添加少量的烧结助剂氧化钇，经热压烧结而成。Sialon 陶瓷分为 α、β 两种晶体结构，α-Sialon 具有较高的硬度，而 β-Sialon 则具有较高的断裂韧性。相比于氮化硅陶瓷，Sialon 陶瓷刀具有更高的耐磨性、耐热性和抗氧化性，适用于高速切削、强力切削和断续切削[22]。但由于 Sialon 陶瓷与钢之间存在化学亲和性，也不适合加工钢材[23]。

陶瓷刀具材料种类繁多，性能各异，因此每一个品种都有各自的加工范围。氧化铝基陶瓷刀具适合加工钢、铁和高温合金等材料，不适合加工铝合金和钛合金；氮化硅基陶瓷刀具适合加工镍基合金、铸铁及铸铁合金；氧化锆陶瓷刀具适于铜、铝合金和铁等材料的断续切削加工；SiC 晶须增韧陶瓷刀具适合加工镍基高温合金、纯镍和高镍合金等，不适合加工钢和铸铁；Sialon 陶瓷具有类晶须的晶粒结构，具有更强的韧性、红硬性和抗热冲击能力，适合镍基合金和铸铁的断续切削及高速高进给加工等，不适合加工钢件。

1.2.3 陶瓷刀具材料强韧化机理

20 世纪 80 年代以来，由于具有高硬度和高耐磨性、高红硬性以及较好的化学稳定性等特点，陶瓷刀具逐渐成为高速切削及难加工材料加工的主要刀具之一，并得到迅速发展。目前国内外应用的陶瓷刀具材料绝大多数为复相陶瓷，其种类及可能的组合如图 1-2[6] 所示，其中应用最为广泛的是氧化铝基（Al_2O_3）和氮化硅基（Si_3N_4）两大类。前者的硬度、耐磨性和化学稳定性优于后者，（根据增强相的不同）适于加工各种钢件和铸铁；后者的热膨胀系数低，热稳定性和抗热震性优于前者，主要用于高速加工铸铁。赛龙（Sialon）陶瓷刀具是用氮化铝、氧化铝和氮化硅的混合物在高温下进行热压烧结而得到的，具有较高的强度和韧性，适于加工铸铁和镍基高温合金。然而陶瓷刀具因为其固有脆性，导致其应用受到限制。因此，自从陶瓷刀具诞生以来，"强韧化"始终是陶瓷刀具材料研究的一个核心问题，研究经历了以下几个阶段。

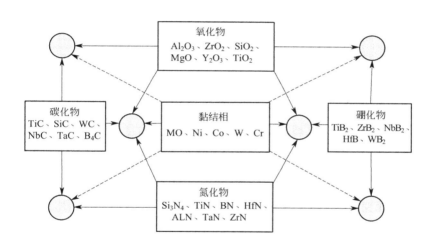

图 1-2　陶瓷刀具材料的种类及可能的组合

"传统"的陶瓷刀具材料强韧化机理。为了实现陶瓷刀具材料的强韧化，获得高的综合力学性能，人们利用相变或添加纳米颗粒、晶须和纤维等方法，引入微裂纹、纤维拔出、裂纹桥接和裂纹偏折等机制来改变裂尖处的应力场，阻碍裂纹的萌生和扩展，进而增强材料宏观力学性能，这些都属于"传统"的陶瓷刀具强韧化方法，其以提高韧性为主（增韧补强），已发展了 30 多年。具体包括：颗粒弥散增韧、相变增韧、纤维或晶须增韧、纳米复合增韧及协同增韧等。

颗粒弥散增韧是指在基体中加入第二相微细颗粒，使得在基体变形时，第二相颗粒起到阻碍位错滑移或产生蠕变来缓解应力集中，从而阻止裂纹扩展，达到增韧效果，是各种复合增韧方法的基础。常用的第二相颗粒有 TiC、TiN、Ti(C,N) 和（W,Ti）C 等，其主要增韧机理是残余应力场、裂纹偏折钉扎、桥接以及微裂纹等[24,25]。实际应用中，由于颗粒种类、结晶形状、尺寸等的不同以及颗粒与基体间的性能差异，不同种颗粒弥散在不同基体中时，起主导作用的增韧机理也有所不同，延性相弥散颗粒使复合材料在外力作用下产生一定的塑性变形或沿晶界面滑移产生蠕变来缓解应力集中，达到增韧补强的效果；刚性弥散颗粒主要利用其与基体晶粒之间的热失配效应，冷却过程中在粒子和基体周围形成残余应力场以便使裂纹偏折、分叉、桥接和钉扎，对基体起增韧作用。

相变增韧是指在陶瓷基体中添加某些可相变成分，利用其相变导致材料应力场改变，基体中产生微裂纹来实现材料增韧[26-28]。常用的增韧颗粒为 ZrO_2，受温度影响，ZrO_2 在 1150℃左右发生四方晶系（t-ZrO_2）到单斜晶系（m-ZrO_2）的可逆相变，晶体结构的变化会伴随着体积膨胀，使得基体中出现微裂纹，从而改变了裂纹尖端的应力场，促进主裂纹的偏折分叉，达到增韧作用。

纤维或晶须增韧是指在陶瓷基体中添加纤维、晶须或类晶须类的物质，在材料断裂过程中，这些添加物将承受大部分应力，基体因出现纤维被拔出、裂纹被桥接等更多吸收断裂能机制而增韧。该类陶瓷在外来应力作用下，基体首先开裂但晶须并不断裂，它们在裂纹尾区形成连接裂纹两表面的桥梁，起到承载作用并限制裂纹继续扩展。另外，纤维或晶须在载荷的作用下从基体中连续拔出也需消耗能量，从而改善了基体的韧性。SiC 晶须是使用最普遍的增韧相，其具有金刚石的晶体结构，有耐高温、强度高、化学稳定性好等特点，常用于陶瓷刀具材料中作为补强增韧剂[29-32]。

纳米复合增韧是指在陶瓷刀具材料基体中加入一定的纳米颗粒，以期提高材料的强度和韧性。其强韧化机理包括：抑制晶粒异常长大、细化晶粒、在晶粒内产生亚晶界，使基体再细化而产生增强作用；纳米颗粒与基体形成共格关系而牢固结合，强化了晶界，诱发穿晶断裂；在复合材料内部产生微裂纹，提高复合材料的断裂韧性等。

协同增韧是综合利用多种机制来耦合放大增韧效果，提高材料的力学性能。如 SiC 晶须和相变协同增韧[33-36]、SiC 晶须和 Ti（C,N）颗粒协同增韧[37] 等。协同增韧可以扬长避短，发挥各自增韧优势，产生一加一大于二的效果。Al_2O_3-TiC-ZrO_2 陶瓷刀具材料的增韧机理为颗粒弥散增韧与相变增韧的协同作用，Al_2O_3-TiB_2-SiC_w 陶瓷刀具材料的增韧机理为颗粒与晶须协同增韧。各种增韧机理之间是可以相互作用的，但并非任意几个增韧机理的叠加都会产生协同效应，因此需要研究不同增韧机制的协同作用，这是今后陶瓷刀具材料补强增韧的主要发展方向之一[38,39]。

随着新材料的不断发展，一些新型微纳米材料不断被发现，如碳纳米管、石墨烯等，它们优异的力学性能和独特的结构使其广受关注。目前已有关于碳纳米管、石墨烯增韧陶瓷材料的报道[40-42]，但其增韧机理仍需要深入研究，增韧效果需要提高。

纳米复合陶瓷刀具材料强韧化机理。20世纪90年代以后，尤其是21世纪以来，纳米粉体技术的进步推动纳米复合陶瓷材料迅速发展[43]，而纳米复合陶瓷刀具材料也应运而生。杨卫院士[44]针对 $Al_2O_3/nano-SiC$ 纳米复合陶瓷，提出了三种增韧机理：（"晶内型"纳米颗粒诱导）穿晶断裂、波浪形（粗化）断裂表面和裂纹尖端钉扎，并建立了相应的微观力学模型。Awaji等[45]应用 Griffith 裂纹理论研究了纳米复合陶瓷材料的微观残余应力，认为晶粒细化以及"晶内型"结构所导致的含位错的"亚晶界"也是重要的强韧化机理。山东大学宋世学[46]和吕志杰[47]分别成功研制 $Al_2O_3-Ti(C_{0.3}N_{0.7})$ 和 Si_3N_4-TiC 纳米复合陶瓷刀具，力学性能及刀具寿命均显著优于相同材料体系的微米级陶瓷刀具。山东大学黄传真、刘含莲等[48]成功研制 $Al_2O_3-TiC-TiN$ 多元多尺度陶瓷刀具材料（Al_2O_3 和 TiC 为微米粒度，TiN 为纳米粒度），相对于 Al_2O_3-TiC 微米陶瓷刀具材料，抗弯强度和断裂韧性均有较大提高。赵军、周咏辉等[49,50]成功研制 $Al_2O_3-WC-TiC$（Al_2O_3 和 WC 为微米粒度，TiC 为纳米粒度）和 $Al_2O_3-(W,Ti)C$ [Al_2O_3 为亚微米和纳米两种粒度，$(W,Ti)C$ 为微米粒度]陶瓷刀具，结果表明多尺度粒度起到了协同强韧化效果。

陶瓷刀具材料其他强韧化途径。山东大学艾兴院士领导的陶瓷刀具研究团队20多年来提出了基于切削可靠性的陶瓷刀具设计理论与方法，成功研制了性能优良的"陶瓷-硬质合金复合刀具"和"硬质合金粉末表面涂层陶瓷刀具"[1,51]等多种新型刀具。艾兴、赵军等[52,53] 借鉴航空、航天、核能等领域的梯度功能材料（FGM）概念，利用其组分及性能的"可裁剪性"和"可设计性"特点，成功研制 Al_2O_3-$(W,Ti)C$ 和 Al_2O_3-TiC "梯度功能陶瓷刀具"，表面形成了残余压应力且具有热应力缓解功能。邓建新等[54] 成功研制"叠层陶瓷刀具"，利用各层热膨胀系数的差异，在最外层形成了残余压应力，提高了刀具的耐磨性和抗破损性能。邹斌[55] 成功研制 Si_3N_4-Si_3N_{4w}-TiN "自增韧纳米复合陶瓷刀具"，烧结过程中形成的 β-Si_3N_4 具有大长径比，起到了晶须（Si_3N_{4w}）的增韧作用。赵军、郑光明、田宪华等[56-58] 将梯度功能复合的热应力缓解及表面残余压应力特性与纳米复合的强韧化机制进行有机结合，成功研制 $Sialon$-Si_3N_4 和 Si_3N_4-$(W,Ti)C$ "梯度纳米复合陶瓷刀具"，由于前刀面形成了残余压应力，刀具表现出很好的"自砺性"，即使沿切削刃发生平行于前刀面的小面积小厚度的台阶状剥落，仍可进行切削，延长了刀具寿命。

可见，从传统的"增韧补强"发展到"协同强韧化"以及陶瓷-硬质合金复合刀具、梯度功能陶瓷刀具、叠层陶瓷刀具、自增韧纳米复合陶瓷刀具、梯度纳米复合陶瓷刀具等新概念陶瓷刀具，陶瓷刀具材料的强韧化研究是随着材料科学及相关学科的进步而不断发展的。

1.2.4　氧化铝陶瓷刀具研究现状

氧化铝基陶瓷是以氧化铝为基体相，通过添加碳化物、氮化物或硼化物等不同增强相以及 MgO、Mo、Ni、Y_2O_3 等烧结助剂制备而成的。表 1-2 列出了国内外典型的氧化铝基陶瓷刀具材料的成分及性能[59,60]。可以看出,尽管添加了不同的增韧颗粒,但材料的断裂韧性仍然较低,亟待提高,抗弯强度也远小于硬质合金刀具材料（2000～3500MPa)[61,62]。

表 1-2 典型的氧化铝基陶瓷刀具材料成分及性能

刀具牌号	主要成分	抗弯强度/MPa	断裂韧性/MPa・m$^{1/2}$	硬度（HRC)
SG4	$Al_2O_3 + (W,C)Ti$	850	4.94	92～94
LT55	$Al_2O_3 + TiC$	900	5.04	93.7～94.8
LP-1	$Al_2O_3 + TiB_2$	800～900	5.2	94～95
Ac5	Al_2O_3	500	3.5～4.5	95
MC2	$Al_2O_3 + TiC$	600	3.5～4.5	94～96
NTK-HCl	Al_2O_3	500～700	4.0～4.8	94.5
LXB	$Al_2O_3 + TiC$	800	—	94～95
NB90S	$Al_2O_3 + TiC$	950	—	95
CA-B	$Al_2O_3 + TiC$	840	—	94
VR97	$Al_2O_3 + TiC$	600	3.4～4.7	94

1.2.5 界面调控及其在复合材料中的应用

界面调控是指采取各种措施来调整、改善或改变界面结构而使复合材料性质发生变化。由于复合材料种类繁多以及界面结构复杂,因此不同复合材料中实现界面调控的方式大不相同。

Sialon 陶瓷是最典型的应用界面调控的例子,在氮化硅基体中添加氧化物（Y_2O_3、Al_2O_3、La_2O_3）,通过控制烧结工艺和添加其他的辅助材料,形成固溶体净化界面,产生玻璃相强化界面,产生促进玻璃相析晶以及通过氧化扩散改变界面组成等效果,实现了氮化硅陶瓷的界面相设计和界面性能改善,从而提高了其高温力学性能[63]。郭景坤[64] 为了改善陶瓷材料的脆性,提出对界面应力进行设计，即人为地调整界面相的本征形状及其周围环境，造成各相因热膨胀系数不同而产生不同的应力状态，导致界面相中产生微裂纹，从而达到陶瓷强化与增韧的目的。郭新等[65] 从界面空间电荷层和晶界相两方面分析了 ZrO_2 陶瓷的界面设计问题，取得了最佳的界面设计效果。Daniel 等[66] 通过对特定裂纹方向进行界面取向设计，在未降低 TiN 陶瓷薄膜硬度的前提下，将其断裂韧性提高到原来的 150%。

与碳纳米管的管状结构不同，石墨烯具有独特的二维结构和巨大的比表面积，通过对石墨烯进行功能化处理而实现石墨烯-基体的界面调控是近年来的热门研究内容之一。金义矿[67] 应用分子动力学方法模拟了具有不同类型功能基团（—H、—O—、—OH、—NH$_2$ 和—CH$_3$）的功能化石墨烯分别从 PE、PMMA 和 PVA 基体中拉出的过程，发现不同基团嵌入基体的程度各异，并且各基团都能够有效阻止基体在石墨烯表面的聚集和分层。Ramanathan 等[68] 将经功能化处理的石墨烯（FGS）和碳纳米管（SWTs）分别添加到聚合物 PMMA 中，制备了 SWTs-PMMA 和 FGS-PMMA，发现添加 FGS 后，聚合物-颗粒的界面结合强度明显提高，相比 PMMA 和 SWTs-PMMA，材料的弹性模量、强度和热稳定性大大增强。官礼知[69] 利用两种不同长度的聚醚胺（PEA）分子链对氧化石墨烯（GO）进行功能化处理，并制备了聚合物复合材料，发现通过控制分子链的长度可调控 GO 和 PEA 的界面结构，所制备材料的弹性模量、拉伸强度和断裂韧性明显提高。可见，在基体材料中加入功能化处理的石墨烯并选择合适的制备工艺，可以有效提高材料的力学性能。

1.2.6 石墨烯-陶瓷复合材料研究现状

石墨烯是碳纳米材料家族中的最新成员，具有独特的平面二维结构和优异的综合性质[35]，同时具有很好的成型加工性，非常适合制备多功能复合材料[36]。利用石墨烯大的二维平面作为基体，将 Al_2O_3、Si_3N_4、WC 等化合物负载到石墨烯表面，即形成石墨烯-陶瓷复合材料。基于石墨烯的复合材料有希望跨越传统材料种类的界限，把结构性质差异很大的多种材料融为一体，最大限度地发挥每一种组分的优势。

石墨烯表面功能化改性。结构完整的石墨烯几乎不具有溶解性，并且由于强烈的 π-π 相互作用，石墨烯层间具有很强的结合趋势，因此在水和有机溶剂等分散介质中容易聚集并沉淀，不利于复合材料的制备。为了解决这一问题，学者们尝试采用多种功能化方法将活性官能团引入到石墨烯分子结构中，从而改善其溶解性[70,71]。因此实际往往是利用氧化石墨烯（GO）或石墨烯修饰物，通过溶液混合来获得充分分散的复合材料。例如通过引入含氧官能团破坏石墨烯的大 π 共轭结构，使氧化石墨烯的溶解性得到显著改善，较适用于陶瓷复合材料功能化研究[72,73]。

石墨烯-陶瓷复合材料分散-混料工艺。常见的分散-混料方法包括：粉体共混、溶液共混、溶胶-凝胶等，分散对象可以是石墨烯，也可以是氧化石墨烯。粉体共混包括超声或高温处理（将石墨烯剥离，使石墨烯以单片形式存在于溶剂中）和混合球磨（使石墨烯均匀分散于陶瓷粉体）两个步骤，如 Liu 等[74] 将石墨烯在二甲基甲酰胺（DMF）中超声处理 1h，加入 Al_2O_3 粉末后继续超声处理 10min，将混合液高速球磨 4h，得到石墨烯分散均匀的石墨烯-Al_2O_3 复合粉体；Fan 等[75] 经过 N_2 气氛保护下 1000℃保温 60s，将商用石墨烯剥离成单片形式，然后以 N-甲基吡咯烷酮（NMP）为分散介质与 Al_2O_3 粉末高速球磨 30h 得到石墨烯分散均匀的石墨烯-Al_2O_3 复合粉体。溶液共混则是将石墨烯和陶瓷粉体分别分散得到各自分散液，然后将分散好的石墨烯溶液，在强烈搅拌的状态下滴加到陶瓷粉末溶液。Wang 等[76] 将氧化石墨烯和氧化铝分别分散于去离子水，然后在高速搅拌状态下将氧化石墨烯溶液滴加到氧化铝悬浮液，得到了石墨烯分散均匀的石墨烯-Al_2O_3 复合粉体。Walker 等[77] 则以甲基溴化铵作为分散介质，通过溶液共混方法得到石墨烯分散均匀的石墨烯-Si_3N_4 粉体。此外，研究发现，对氧化石墨烯上的官能团进行化学修饰能使石墨烯很好地分散到有机溶剂中。溶胶-凝胶主要用于制备石墨烯-SiO_2 纳米复合材料，如薄膜（用作透明导体）。氧化石墨烯在水-乙醇混合物中被剥离，得到稳定的氧化石墨烯悬浮液，然后加入硅酸甲酯（TMOS）得到非常稳定的氧化石墨烯溶胶，采用旋涂工艺在硼硅酸盐玻璃或硅片上制备透明薄膜，溶胶经蒸发并进一步在肼（联氨）溶液中还原，得到石墨烯纳米片。

石墨烯-陶瓷复合材料烧结工艺。目前国内外常用的烧结工艺包括：高频感应烧结[78,79]、放电等离子烧结（SPS）[80-82]、微波烧结[83]、热等静压烧结（HIP）[80]、无压烧结[84]、热压烧结（HP）[85-87] 等。为获得具有较好组织和性能的材料，工艺过程大多较为复杂，如高频感应炉频率高，加热速度快，但因受其加热电源的功率限制，一般容量较小，目前只限于实验室使用；放电等离子烧结熔融等离子活化、热压、电阻加热为一体，升温速度快、烧结时间短、烧结温度低、晶粒均匀、有利于控制烧结体的细微结构，获得高致密材料，但其设备昂贵，很难实现工业化生产；而微波烧结炉对产品的选择性强，不同的产品需要的微波炉的参数有很大差异，微波烧结炉的设备投资较大；热等静压设备价格昂贵，并且很难找到一种在烧结温度下不熔化又能发生塑性变形，且不与烧结材料发生物理、化学反应的包套材料，因此热等静压只能作为烧结以后的减少孔隙度的处理步骤；无压烧结需要高的烧结温度和较长的烧结时间，易导致晶粒长大和石墨烯性能的降低[9]；热压烧结具有设备投资较小、易操作、烧结温度低和保温时间短等特点，而且试样不用添加成型剂，减少了杂质的引入，是烧结制备石墨烯-陶瓷复合材料的一种工业化选择。

石墨烯-陶瓷复合材料力学性能与强韧化机理。石墨烯可以看作其他碳纳米材料的母体。石墨烯片层之间具有很强的 π-π 相互作用，在固体状态下会产生层间堆叠，利用纳米颗粒附着到石墨烯片上，可以起到阻隔剂的作用，使其层间保持足够的距离，相比碳纳米管，石墨烯具有更加优异的力学和热学性能[88]。Tapasztó[89] 研究了石墨烯在氮化硅基陶瓷中的分散性，认为石墨烯可以均匀分布在陶瓷基体中，与添加相同含量碳纳米管的陶瓷相比，石墨烯强韧化陶瓷材料的力学性能提高了 10%～50%。Walker 等[90] 利用放电等离子烧结法（Spark Plasma Sintering，SPS）制备了石墨烯-氮化硅陶瓷复合材料，发现当石墨烯添加量为 1.5%（体积分数）时，断裂韧性为 $6.6MPa \cdot m^{1/2}$，高于未添加石墨烯的氮化硅基陶瓷材料。Yadhukulakrishnan 等[91] 采用 SPS 法制备了石墨烯-ZrB_2 陶瓷，系统研究了石墨烯对 ZrB_2 材料微观结构和力学性能的影响，提出石墨烯的强韧化机理为石墨烯拔出、裂纹偏折和裂纹桥接。Cheng 等[92] 测试了微波烧结法制备的氧化铝-碳化钛陶瓷刀具材料的力学性能，发现添加石墨烯后，材料的断裂韧性提高了 67.3%，但硬度降低了 12.7%。赵琰[93] 在 BCP 生物陶瓷材料中添加石墨烯，研究了复合材料的力学和摩擦学性能，发现石墨烯的强韧化和减摩抗磨效果明显。Tapasztó 等[94] 研究表明，石墨烯较碳纳米管具有相对较好的分散性，相对于添加相同含量碳纳米管的 Si_3N_4 陶瓷，石墨烯改性 Si_3N_4 陶瓷的力学性能提高 10% ~ 50%。Kvetková 等[95] 发现石墨烯的添加可以有效引入裂纹偏折、裂纹分叉、裂纹桥接等机制改善陶瓷材料韧性，而多层石墨烯（相对于单层石墨烯）可以同时提高陶瓷材料的韧性和硬度。国防科技大学张长瑞、李斌等[84] 发现无压烧结石墨烯-Si_3N_4 陶瓷的强韧化效果优于相同体系的热压陶瓷。王红霞等[96] 的研究表明，相对于普通 Al_2O_3 陶瓷刀具，石墨烯改性 Al_2O_3 陶瓷刀具的硬度、抗弯强度和韧性均显著提高。此外，许崇海等[97] 研究发现热压烧结石墨烯-Al_2O_3 陶瓷中的石墨烯平面近似垂直于热压轴方向，从而导致力学性能的"各向异性"。另外，石墨烯可以有效抑制陶瓷晶粒长大[98]，因此，在陶瓷相中加入石墨烯，并调控陶瓷相与石墨烯的界面结构促进应力的传递，是优化陶瓷材料性能的潜在发展方向。

1.3　陶瓷刀具材料设计与研究方法

1.3.1　陶瓷材料设计方法

长期以来，新材料的开发一直是一门实验科学，要想获得一种有预定性能的材料，必须通过大量的材料制备及性能测试实验来实现。如为提高陶瓷刀具材料的力学性能，常在陶瓷基体中加入颗粒、晶须或纤维等第二相或多相材料，构成复相陶瓷。早期在研发新的陶瓷刀具材料时，最优的颗粒种类和添加量的确定一般是采用"试错法"，即通过试验研究的方法确定添加相的种类和数量，其流程如图 1-3（a）所示。这种方法研制周期长，试验工作量大。

在外界条件固定时，材料的性能取决于材料内部的构造，这种构造便能组成材料的原子种类和分量，以及他们的排列方式和空间分布。习惯上将前者叫做成分，后者叫做组织结构。在所有的固体中，原子靠键结合在一起，键使固体具有强度和相应的电学和热学性能。例如，强的键导致高熔点、高弹性模量、较短的原子间距和较低的热胀系数。共价键是一种强吸引力的结合键。当两个相同原子或性质相近的原子接近时，价电子不会转移，原子间借共用电子对所产生的力而结合，形成共价键。离子键又叫范德华键，是最弱的一种结合键。它靠原子内部电子分布不均匀产生较弱的静电引力（即范德华力）结合起来，形成离子键。结合键的不同，决定了晶粒界面性质的不同，因此界面对材料的力学性能具有非常重要的影响。

随着计算机技术的发展，利用计算机来模拟材料的显微结构，设计材料的组分已成为一个研究热点。利用计算机模拟仿真对新材料的开发、制备和应用都有非常明显的加速作用，计算机模拟已成为解决材料科学实际问题的重要手段。理论分析、实验研究、计算机模拟已成为三种并行的研究手段，这些手段相互补充，共同促进了材料科学的发展。采用模拟技术进行材料研究的优势在于它不但能够模拟各类实验过程，了解材料的微观组织与宏观力学行为之间的关系，而且能在实际制备出新材料前预测其性能，为设计出性能优异的新型复合材料提供强有力的指导。材料科学研究中的模拟"实验"比实物实验更高效、经济、灵活，并且在某些很难或不能进行实物实验的场合仍可进行模拟"实验"，特别在对微观状态与过程的了解方面，模拟"实验"更具有其独特的甚至不可替代的作用。因此针对改善陶瓷材料脆性的需求，目前强韧化的发展趋势是采用多级增韧机制，即不仅考虑材料的强韧化方式、组分种类及数量，还要设计材料的微观结构，这需要借助现代材料设计方法，因此，基于计算机模拟技术和现代测试技术的材料设计成为研制新型陶瓷刀具材料的主要途径，其流程如图 1-3(b) 所示。

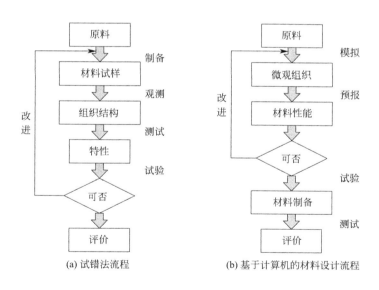

图 1-3　材料设计方法

由于陶瓷刀具材料是由混合均匀的多相粉料经高温高压烧结而成，因此考虑理想情况下，即忽略缺陷、杂质及化学反应生成物，陶瓷结构在微观上看是由多个大小、形状、位向不同的晶粒无缝堆积而成，晶粒间的接触面属于固态结合界面，界面极大地影响着裂纹的扩展行为及材料性质。利用扫描电镜、高分辨率透射电镜和电子背散射衍射电镜等现代测试技术可观测到材料界面结构，这为研究界面结构提供了便利，并有助于推动复合材料界面结构设计的发展和宏、微观物理量之间定量关系的建立。固体理论、分子化学、化学键理论、分子动力学、细观力学等理论的发展，为材料设计、制造和应用提供了依据。计算机模拟和辅助设计技术的发展，为利用计算机进行材料设计提供了平台。因此借助计算机技术和力学分析方法进行材料多尺度研究，根据研究结果来制备材料，将大大减少实验研究的盲目性，缩短研究周期，降低研究成本，是研制开发新型陶瓷刀具材料的有效方法。

1.3.2 多尺度方法概述

许多科学和工程问题呈现出复杂的时空结构，即多尺度现象。同一问题在不同的尺度上会具有截然不同的形态，其遵从的规律也是不相同的。如固体断裂问题，微观尺度上需要考虑其晶体结构，采用可表征微观组织的方法进行分析，而在宏观尺度上可以看作连续体，采用连续介质力学进行描述。再如 Hall-Petch 公式适用于微观尺度上晶粒粒径与晶体屈服强度的关系，晶粒越小，晶体的韧性越好，在纳观尺度下，超过一定的临界值，晶粒粒径与晶体屈服强度的关系却呈现为反 Hall-Petch 公式。因此，材料的组织结构特性具有尺度性，研究微观结构和宏观力学性能的关系，建立宏、微观尺度的关联才能实现不同尺度间物理量的有效传递，预测微观结构对力学性能的影响，并反过来进行微观结构设计，使相应的宏观结构具有所需的特性[99,100]。因此进行材料结构及性能多尺度分析，对现代新型材料研究具有重要价值。按模拟尺度的不同，计算机模拟可以分为以下三类：

纳观层次（0.1～100nm）：基于量子力学，在电子、原子、分子层次上计算粒子间的相互作用势，分析各物质的结构和性质。常用的方法有从头算方法（ab initio）、分子动力学法（MD法）和晶格动力学等。

介观层次（100nm～100μm）：以连续介质理论为基础，不考虑单个原子、分子的行为，模拟材料的微观组织演变以及微细观尺度的力学行为，为寻找具有最佳性能的微观组织提供依据。如蒙特卡洛法（Monte Carlo法）、相场法、元胞自动机法和有限元计算细观力学法等。

宏观层次（＞0.1mm）：主要模拟材料在外界载荷下的变形、应力应变场及温度场的变化，为材料的宏观分析提供依据，该尺度的模拟方法主要包括有限元法、边界元法和有限差分法等。

多尺度分析方法考虑并耦合了不同层次或尺度上的结构特征，是求解各种复杂计算材料问题的重要方法，按尺度的不同可分为时间多尺度耦合和空间多尺度耦合。由于时间多尺度的复杂性，目前应用较少。按照建模策略的不同，空间多尺度耦合模拟通常可划分为递阶多尺度方法（Hierarchical Multiscale Methods）[101-104] 和并行多尺度方法（Concurrent Multiscale Methods）[54,105]。这两种方法都比从底层进行整体建模来模拟简单得多。

　　递阶多尺度法是按从低到高的顺序进行不同尺度的模拟，即先在较低层次上建模，其结果作为高层次尺度模型的输入量，建立高层次尺度模型，使得最终的求解只在一个大尺度上进行，实现了自下而上尺度间的信息的传递。该方法的重点是低层次建模理论，适用于各个尺度之间耦合较弱的情况。如采用递阶多尺度耦合模拟方法模拟高韧度钢的断裂，可以得到材料的断裂韧度和屈服极限与纳米尺度的结构几何参数之间关系的量化方程。

　　并行多尺度法是首先将计算区域按照精度要求划分成若干个子区域，每个区域分别同时建模，建模精度因对该区域的关心度不同而异，在各区域交界处进行连接。该方法中不同尺度区域之间的耦合是关键，也是难点。为了克服并行多尺度耦合法中不同尺度区域之间耦合的瓶颈，学者们提出了多种方法，其中常用的有准连续介质法（Quasicontinuum Method，QM）[106-108]、原子尺度和离散位错耦合法（Coupled Atomistics and Discrete Dislocation，CADD）[109]、原子尺度有限元法（Atomic-scale Finite Element Method，AFEM）[110,111] 等。这些方法都很复杂，很多涉及应力波反射和"鬼力"的问题。Wernik 等[112] 采用原子尺度和离散位错耦合法（CADD）模拟了裂纹的扩展，采用全原子求解研究裂纹尖端；在全原子求解区域外离裂纹尖端较近区域内采用离散位错法；而在远离裂纹尖端的大面积区域内将材料看作连续体，采用有限元法求解。G. K. Sfantos 等[113] 提供了一种多尺度研究的思路：基于 AFEM 获得材料的宏观应力-应变场，作为微观结构的边界条件，对微观结构进行仿真，得到材料的微损伤的本构模型。他同时提出了一种模拟微观和宏观尺度下裂纹萌生和扩展的并行计算多尺度边界元方法，用平均理论的微观性能仿真来描述多晶体的宏观本构行为，采用非局部积分法避免了宏观尺度下微观损伤的病态局部化。考虑了微观尺度下的多重晶间裂纹的萌生和扩展，用非线性摩擦接触分析来建立内聚-摩擦晶界界面，建立了宏观和微观两尺度的模型（如图 1-4 所示），为多尺度耦合提供了方法。J. D. Lee 等[114] 提出了一种多尺度场理论来对包含几种不同单晶及大量不同类型离散原子的多晶粒材料进行建模和仿真，该理论的主要思想是将晶界看作非晶相，用各种各样的不同的原子来建模，单个晶粒作为一个连续体，此处的一个点代表一个单胞，该单胞由特定数量的不同的原子组成，而不仅仅是理想化的数学等价，这样就建立了一个包含原子和连续材料的多晶粒系统。微观动态量化（比如原子的位置

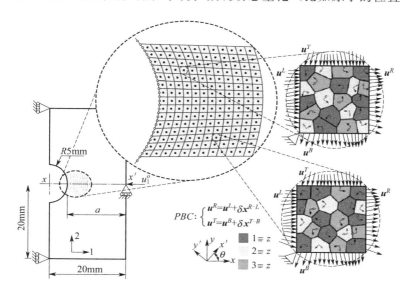

图 1-4　并行多尺度方法示意图

和动量）是相-空间坐标系的函数，每个晶粒作为一个多单元系统。因此单胞内有多个原子，如图 1-5 所示，建立好材料模型后，可以用分子动力学方法仿真，模拟裂纹的扩展。J. D. Clayton[115] 提出了多晶体材料的有限塑性变形和各向异性损伤的多尺度连续模型。该模型重点关注了金属多晶材料的热动力学行为，分别利用额外的总变形梯度和法向应力的分解将损伤（如空位、微裂纹和剪切带引起的位移不连续）纳入结构的动力学和平衡关系中，该框架能够利用晶体塑性变形理论区分晶间损伤和晶内损伤。

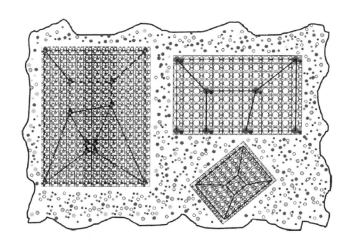

图 1-5　多晶粒材料系统图示

1.3.3　基于计算几何的仿真技术

Voronoi 图、Laguerre 图和 Johnson-Mehl 图作为计算几何学中的三种重要模型，在材料科学领域中有着重要作用，三种图形如图 1-6 所示，其中 Voronoi 图在材料微观组织结构中的应用非常广泛。

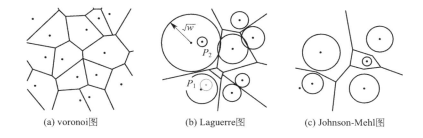

(a) voronoi图　　　　　(b) Laguerre图　　　　　(c) Johnson-Mehl图

图 1-6　材料微观结构仿真中的三种主要模型

在 Voronoi 图中，给定的平面被划分为 N 个区域，在每个区域中都有一个点状胞元，该胞元所在的区域是到其最近的所有点的集合。Voronoi 图可以用数学描述为：

（1）假设离散点集：

$$S=\{p_1,p_2,\cdots,p_n\},2\leqslant n\leqslant\infty$$

（2）以 $V(p_i)=\{p\mid p\in R^3,d_E(p,p_i)<d_E(p,p_j),j\neq i\}$ 为欧氏距离对给定的离散点集合空间进行划分，则所有以 $p_i(1,2,\cdots,n)$ 为胞元形成的多边形集合 $V=\{V(p_1),V(p_2),\cdots,V(p_n)\}$，构成了离散点集合 S 的 Voronoi 图。

因此采用 Voronoi 算法可以建立多晶体几何模型，并从统计学意义可以模拟微观结构组织的随机性。兰州理工大学的李旭东课题组对 Voronoi 图的构造算法以及微观结构有限元分析做了大量的研究，开发了三维复合材料微观结构建模软件 ProDesign。由于 Voronoi 图的划分结果只受点集的空间位置分布影响，因此从定量分析来看，Voronoi 图构造的微观结构拓扑与实际材料的统计特性有差异，在实际应用中受到限制。在此基础上通过引入权重因子，Laguerre 图的算法应运而生。Laguerre 图除了定义点集外，对每个点赋予了一个权值 ω_i（$-\infty \leqslant \omega_i \leqslant \infty$），该权值影响平面上任意一点到集合内的点的幂距离。将到点 p_i 的幂距离小于等于到其他任意权值点的幂距离所构成的集合称为点 p_i 关联的 Laguerre 单胞。由每个权值点所关联的单胞集合构成权值点集的 Laguerre 图，也称为 Power 图。从 Laguerre 单胞的数学定义可以看出，单胞的形成受点集空间位置与权值分布的共同影响，当所有点的权值大小相等时，Laguerre 单胞退化为 Voronoi 单胞。

美国康奈尔大学的 Quey 等[116] 提出了 Voronoi 镶嵌图和 Laguerre 镶嵌图建模算法，开发了 Neper 软件，可建立一维、二维和三维的微观结构的几何模型，并能够对晶粒进行网格划分及优化，如图 1-7 所示。

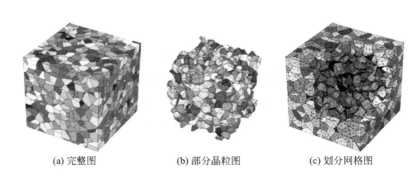

    (a) 完整图   (b) 部分晶粒图   (c) 划分网格图

图 1-7   3000 个晶粒的 Voronoi 镶嵌图及划分的网格

Ghosh 等利用 Voronoi 镶嵌获得了不同形态的综合信息，此处，每个单胞是一个单元，这种研究方法称之为 Voronoi 单胞有限元法（VCFEM）。Liu 等提出了一种研究单轴拉伸和反向剪切载荷下的损伤演化方法，在该方法中，利用 Voronoi 镶嵌代表材料的微观结构，综合使用了连续损伤理论和机械空洞模型。

Bolander 和 Saito 利用 Voronoi 镶嵌来离散均质、各向同性材料，如陶瓷和混凝土，用刚体弹簧网格来建立脆性断裂的模型。

第 2 章
陶瓷刀具材料界面性质

对材料微观结构设计而言，材料的电子结构与性质，以及表面和界面的性质与行为都非常重要，许多性能由电子性质决定，而电子性质又由原子结构决定。CASTEP 能有效研究存在点缺陷、空位、位错材料的性能。CASTEP 的量子力学方法为深入了解固体材料的性质并进而设计新材料，提供了强有力的工具。

本章介绍了氧化铝、碳化钛和石墨烯的晶体结构模型，对结构模型进行几何优化，对最优结构切割晶面，计算分析晶面性质和稳定性，用稳定存在的不同晶体的晶面构建界面，研究了界面性质。计算流程如图 2-1 所示。

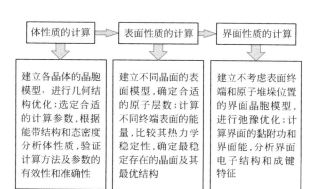

图 2-1 计算流程示意图

2.1 材料计算概述

在设计和研究某一种新材料时，传统上是采用"试错法"，周期长、研制成本高，难以适应当前新材料的设计需求。采用材料计算科学可以通过计算机模拟软件分析、预测或计算出材料的晶体结构、电荷密度、态密度等来预测组织及其分布情况，并进一步预测其对材料性能产生的影响，为新材料设计提供新的方法和思路。

界面结合强度对材料的弹性、韧性、抗拉强度、疲劳等性能有着极其重要的作用。弱界面结合易造成界面在较低应力下发生脱黏，而强界面结合使复合材料呈脆性断裂，需要构建精细界面模型，模拟计算界面结合力。因此，第一性原理模拟计算方法在晶体、金属-金属、金属-陶瓷界面研究中有着广泛的应用。

第一性原理计算，广义上指一切基于量子力学理论的计算，狭义上指从头算（ab initio）方法，不采用任何计算参数，仅用几个基本的物理常量，通过求解体系的薛定谔方程的方式，来确定研究体系基态的基本性质。第一性原理涉及许多物理化学知识，如量子力学、Hartree-Fock 自洽场、薛定谔方程和密度泛函理论等，可以计算出体现宏观物理特性的参量，如结合能、比热容和界面能等。

第一性原理计算的优点：

（1）可以在无任何初始经验数据的前提下，仅根据元素的原子序数和晶体结构中的晶胞位置信息，就能够计算出晶体结构以及晶体能量，进而计算出物质的各种性质，计算结果较为可信；

（2）从微纳米尺度来研究体系的晶体结构、键合类型和能带结构等，研究已知材料甚至未知材料相关的微观性能，可以对模型内每个原子进行精确计算，分析原子间键合情况以及相互作用，计算效率较高。

第一性原理计算的缺点：

（1）在微观条件下，经典牛顿力学已经不适用，必须采用量子力学方法来计算；

（2）研究模型体系时往往需要计算大量电子，严重考验计算机的计算能力。

2.2 建模理论 <<<

2.2.1 CASTEP 介绍

CASTEP 是专为固体材料科学设计的量子力学软件包之一，

采用密度泛函平面波赝势方法，可以对晶体及其表面特性做第一性原理计算模拟，以探索如半导体、陶瓷金属、矿物和沸石等材料的晶体和表面性质。其能够完成以下计算：

（1）研究一个系统的表面化学、结构特性、能带结构、态密度、光学特性、电荷密度的空间分布及波函数；

（2）计算晶体的弹性常数及相关的力学特性：如泊松比、体模量和弹性模量等；

（3）计算半导体或其他材料中的点缺陷（空位、杂质原子取代和间隙）和扩展缺陷（晶粒界面和断层）。

CASTEP 计算包括单点的能量计算、几何优化或分子动力学，可提供这些计算中的每一个以便产生特定的物理性能。CASTEP 的计算步骤如下：

（1）结构定义：建立晶体模型，可以使用构建晶体（Build Crystal）或构建真空板（Build Vacuum Stab）来构建，亦可以从已存在的结构文档引入并完成修正。

（2）计算设置：选择计算类型和相关参数，如对于动力学计算必须确定系综和参数，包括温度、时间步长和步数。选择运行计算的磁盘并开始 CASTEP 作业。

（3）结果分析：计算完成后，相关 CASTEP 作业的文档返回用户，在项目面板上适当位置显示，对这些文档进行处理以获取所需要观察的量。

CASTEP 能量计算任务允许计算特定体系的总能量以及物理性质。除了总能量外，在计算之后可以报告作用于原子上的力、创建电荷密度文件，并利用材料可视化（Material Visualizer）目测电荷密度的立体分布，计算 K 点的电子能量，生成态密度图。以下介绍常用的模拟量：

态密度（DOS）：利用原始模拟中产生的电荷密度和势能，非自洽计算价带和导带的精细 Monkhorst-Pack 网格上的电子本征值。

能带结构：利用原始模拟中产生的电荷密度和势能，非自洽计算价带和导带的布里渊区高对称性方向电子本征值。

布居数分析：进行 Mulliken 分析，计算决定原子电荷的键总数和角动量（以及自旋极化计算所需的磁矩），可产生态密度微分计算所需求的分量。

应力：计算应力张量。

2.2.2 CASTEP 的使用

2.2.2.1 计算任务的设置

在 CASTEP 中，计算任务的设置主要是通过 Visualizer 应用窗口中的工具条 Calculation 来进行，可以更改工具框中的相应选项，来实现计算的配置。如"电子选项""结构优化选项"和"电子和结构性质选项"等是运用 CASTEP 计算研究中非常重要的技术参数。在电子选项中主要有精度设置、交换-关联函数的设置、赝势的设置和截止能 K 点的设置等。

2.2.2.2 结构优化任务的设置

结构优化是 CASTEP 计算中经常进行的计算任务，在计算晶体的各种性质时，首先需要进行结构优化的计算，在得到结构优化结果文件后，才能进行性质的计算，所以需要正确设置结构优化参数。CASTEP 中有四个重要参数：第一个是能量的收敛精度，单位为 $eV \cdot atom^{-1}$，是体系中每个原子的能量值；第二个是作用在每个原子上的最大力收敛精度；第三个是最大应变收敛精度，单位为 GPa；第四个是最大位移收敛精度。这些收敛精度指的是两次迭代求解之间的差，只有当某次计算的值与上一次计算的值相比小于设定的值时，计算才停止。

2.2.2.3 计算体系性质的设置

在 CASTEP 中可以计算能带结构、态密度、布居数分析、应力等，在计算能带和态密度时，需要先进行自洽计算得到基态能量，即在结构优化步骤中完成。

2.2.2.4 计算结果的分析

在 Visualizer 界面中打开扩展名为 .castep 的文件，单击当前窗口中的工具条 Analysis，就会弹出"分析"对话框，在该对话框中，可以微调能带（Scissors 选项），可以选择图像显示方式（点、线、点线结合），选择"线"方式时，可以同时显示能带和态密度，可以导出到 Origin 软件中进行处理，以利于更直观的分析。

2.2.3 密度泛函理论

CASTEP 的理论基础是电荷密度泛函理论（Density Functional Theory，DFT）在局域电荷密度近似（LDA）或广义梯度近似（GGA）。密度泛函理论是用电子密度取代波函数来研究体系电子结构的方法，被认为对大部分的状况都是足够精确的，并且是唯一能实际有效分析周期性系统的理论方法。Hohenberg 和 Kohn 的研究使得该理论能够进入实际应用并成为重要的数值计算依据之一。体系的电子行为可以由 Schrodinger 方程描述。但对于超过两个电子以上的体系，Schrodinger 方程很难严格求解，而密度泛函理论将多电子波函数和 Schrodinger 方程用非常简单的电荷密度和对应的计算方案来代替，提供了一条研究多电子系统电子结构的有效途径。

20 世纪 60 年代，Hohenberg 和 Kohn 建立起密度泛函理论的基本框架。其将原子、分子和固体的基态物理性质用粒子密度函数来表述，提出了 Hohenberg-Kohn 定理，即

$$E_{\mathrm{G}}[\rho] = E[\rho] + \int \nu(r)\rho(r)\mathrm{d}r \tag{2-1}$$

$$E[\rho] = T[\rho] + \frac{1}{2}\iint \frac{\rho(r)\rho(r')}{|r-r'|}\mathrm{d}r\,\mathrm{d}r' + E_{\mathrm{XC}}[\rho] \tag{2-2}$$

式中，$\nu(r)$ 为局域势，即外场的作用；$\rho(r)$ 为电子密度分布；$T(\rho)$ 为动能泛函；$E_{\mathrm{XC}}[\rho]$ 为交换关联项。

式(2-1) 表明外场势是电荷密度的单值函数，即任何一个多电子体系的基态总能量都是电荷密度的唯一泛函。式(2-2) 表明对于任何一个多电子体系，总能的电荷密度泛函的最小值为基态能量，对应的电荷密度为该体系的基态电荷密度。从该理论可以看出，基态波函数和基态电荷密度存在一一对应关系，并且基态的所有性质可由基态电荷密度唯一决定，因此可以用电子密度取代波函数来研究体系的性质。但是 Hohenberg-Kohn 的密度泛函理论（DFT）只有对基态才严格成立，这使得将 DFT 应用在考虑电子作用的核动力学计算中受到一定的限制。

根据 Hohenberg-Kohn 定理，Kohn 和 Sham 等[118] 以电荷密度作为基本变量，将多电子体系问题化为单电子问题，利用变分原理得到了 Kohn-Sham 方程[118]，从而使得密度泛函理论应用于实际计算。

$$\{-\nabla^2 + V_{\mathrm{KS}}[\rho(r)]\}\psi_i(r) = E_i\psi_i(r) \tag{2-3}$$

式中，$V_{KS}[\rho(r)] = \nu(r) + \int \frac{\rho(r')}{|r-r'|} dr' + \frac{\delta E_{XC}[\rho]}{\delta \rho(r)}$，其

中，$\frac{\delta E_{XC}[\rho]}{\delta \rho(r)} = V_{XC}[\rho]$ 为交换关联势。

常用的交换关联势有局域密度近似（Local Density Approximation，LDA）和广义梯度近似（Generalized Gradient Approximation，GGA）。

$$E_{XC}^{LDA}[\rho] = \int \varepsilon_{XC}[\rho(r)]\rho(r)dr \tag{2-4}$$

$$E_{XC}^{GGA}[\rho] = \int \varepsilon_{XC}[\rho(r), \nabla\rho]\rho(r)dr \tag{2-5}$$

式中，$\rho(r)$ 是体系在 r 位置的电荷密度；ε_{XC} 是交换-关联能密度，可进一步分解为交换能和关联能两部分。

LDA 用空间点 r 处的电子密度来代表整体密度，其交换-关联能密度由均匀电子气确定。泛函的交换部分就准确地用均匀电子气的微分表达。各种不同的局域密度近似（LDA）仅仅是相关部分表示方法不同，所有现代应用的局域密度泛函都基于 Ceperly 和 Alders 在 20 世纪 80 年代对均匀电子气总能量的 Monte Carlo 模拟。

GGA 以电子密度及梯度作为变量来建立交换-关联能泛函，在描述交换-关联能方面，梯度引入了非定域性。GGA 泛函包含了两个主要的方向：一个称为"无参数"，泛函中新的参数通过已知形式中参数或在其他准确理论帮助下得到。另外一个就是经验方法，未知参数来自对实验数据的拟和或通过对原子和分子性质准确的计算。校正采用了密度的二阶 Laplace 算符，因此严格上讲属于 Jacob 阶梯的第三阶，但通常仍然归类为 GGA。由于 GGA 考虑了电子密度分布的不均匀性，提高了计算精度，应用非常广泛，因此后续计算中采用 GGA 方法。

2.2.4 基于密度泛函理论的计算方法

基于 Pauling 不相容原理和波函数的反对称性，电子间的总相互作用能 E_{ee} 可表示为：

$$E_{ee}=E_H+E_{XC} \qquad (2-6)$$

式中，E_H 为电荷静电相互作用 Hartree 能；E_{XC} 为电子间的交换-关联能。

对固体而言，围绕原子核运动的电子分为两种：芯态电子和价态电子。价态电子的波函数比较平缓，可以用少量平面波展开，而芯态电子区波函数的势场项在原子中心发散，导致波函数变化剧烈，因此其势作用需要大量的平面波来展开，计算量将十分巨大，容易引起计算时收敛缓慢或无法收敛。原子的化学活性由价态电子决定，而芯态电子的能级比较深，其波函数受外界的影响不大，因此芯态电子区的真实的势场使用尽可能平缓的赝势代替，而价态电子使用真实势。赝势波函数只需要少量平面波就可展开，从而大大提高了求解 Kohn-Sham 方程的计算效率，如图 2-2 所示。截止半径 R 决定了赝势法的精度和计算工作量，需要综合权衡计算准确度和计算效率。根据势函数的处理方式和所选基函数类型的不同，常用的赝势定义方法有模守恒赝势（Norm-Conserving Pseudo Potentials，NCPP）[119-122]、超软赝势（Ultra Soft Pseudo Potential，USPP）[123,124] 和投影缀加平面波法（Projector Augmented-Wave，PAW）[125,126] 等。

在模守恒赝势中，赝波函数在定义的核心区域的截止半径以上是符合全电子波函数的，它要求改造后的波函数在其截止半径 R_c 之内的总电荷量仍要等于微改造前的 R_c 之内总量的大小，这样赝势的精确度能够大幅提升。因此，取距离原子中心 R_c 处

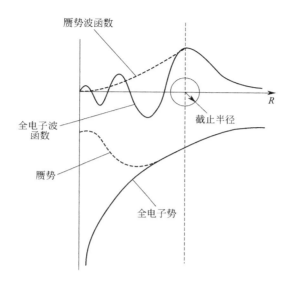

图 2-2　全电子势和赝势示意图

为划分点，芯区以外（$R > R_c$）的波函数具有与真实波函数相同的形状和幅度，能够实现模守恒。在芯区（$R \leqslant R_c$）对波函数加以改造，主要把振荡剧烈的波函数改造成一个变化缓慢的波函数，少了剧烈振荡不但允许只以相对较少的平面波来展开波函数，没有节点的波函数也意味着没有比它的本征值更低的量子态来与它正交，求解内层电子的需求就自动消失了。但由于其定域性强，所需要的平面波能量截止很高，使得赝势较硬。

超软赝势是采用不释放非收敛性条件的方法来产生赝势，即在芯态电子区附加一个额外的电子密度，其特色是不仅使得波函数更加平滑，还使波函数可以用更少的平面波基底函数展开，大大降低了计算量，在该方法中，虚波函数在核心范围是被允许作成尽可能较软（平滑）的，以至于截止能量可以被大大地减小，就技术上而言，这是靠广义的正交条件来达成的。为了重建整个总的电子密度，波函数平方所得到的电荷密度必须在核心范围内再附加额外的密度。因此电子云密度被分成两部分：第一部分是延伸，是整个单位晶胞的平滑部分；第二部分是局域化，是核心区域的自旋部分。超软赝势产生算法保证了在预先选择的能量范围内会有良好的散射性质，这使得赝势具有更好的转换性和精确性，因此在实际中应用广泛。

Kresse 和 Joubert[127] 分别采用 USPP 和 PAW 对多个小分子和有序扩展固体进行了计算，发现计算结果具有良好的一致性。

2.3　界面结构与材料性能的关系　◄◄◄

界面作为复合材料中重要的微结构，其性质决定着复合材料的整体性能。陶瓷材料界面理论从 20 世纪 70 年代开始被研究，相对于金属材料来说更"年轻"，很多实践中已经解决的问题至今不能解释。但陶瓷材料的界面与金属材料的界面也有很多相似的地方，界面理论有时可以相互借用。

界面结构随着制备环境和条件的差异而不同，从而得到的性能也不同，许多材料制备工艺，如热压烧结、激光烧结等，其实质在于获得不同结合强度的同相或异相材料的界面，从晶体几何学的角度看，界面是三维点阵按周期规律排列的不连续分界面，它表现出许多不同的特性，并影响材料的整体性能。国内外利用第一性原理模拟方法对界面问题做了许多探索和研究，主要包括界面的结合强度、界面结构的稳定性等。

陶瓷材料的界面也有自己独特的特点，包括以下方面：

（1）陶瓷材料的化学键主要是离子键和共价键；

（2）陶瓷材料需要经历烧结工艺，因此在这个过程中，会伴随有多种物理和化学反应，如晶粒会重排和长大、晶界出现迁移等。

Schonberger 等[128] 采用第一性原理模拟计算了（Ti、Ag）/MgO 界面的界面量和界面黏附功，发现 Ti/MgO 的界面以 Ti—O 键结合，主要表现为共价键特征；Ag/MgO 的界面以 Ag—O 键结合，主要表现为离子键特征。Ti/MgO 的界面黏附功更高，表面界面结合的可靠性更大。Mizuno 等[129] 对 Fe(001)/TiC(001)、Fe(001)/TiN(001) 和 Fe(001)/TiO(001) 的界面进行模拟计算，发现三种界面均表现为共价键特征，离子键特征微弱，当界面结构以 Fe 和 Ti 结合时，界面结合强度较小，界面间的位错基本不影响界面结合强度，另外，界面原子层之间的成键强弱是界面结合强弱的主要因素。Dudiy 等[130-132] 分别分析了 Co(001)/TiC(001) 和 Co(001)/TiN(001) 界面的电子结构和界面能，发现这两个界面的结合强度主要由界面附近 Co-3d 电子与 C-2p 或 N-2p 电子间形成较强的 σ 共价键引起的。李瑞[133] 计算了不同匹配方向的 Ni(111)/α-Al$_2$O$_3$(0001) 界面的界面能、界面黏附功，发现沿着密排面和密排方向匹配构成的界面模型更稳定。Zhukovskii[134] 分析了 Ag/α-Al$_2$O$_3$(0001) 界面的电子结构，发现 Al 终端界面结合强度弱于 O 终端界面的界面结合强度，主要原因是 Al 终端界面主要是物理吸附，而 O 终端的界面形成了很强的离子键。Arya 等[135] 模拟计算了 TiC(100)/Fe(110) 界面的化学键和黏附力，发现 TiC 和 Fe 的表面稳定性随着面密度的增加而增加，TiC(100)/Fe(110) 界面稳定。王绍青[136] 发现当陶瓷表面层为非极性非金属时，界面结合强度较高。经典的化学结构理论指出，物质的内部结构完全决定了它的典型的化学和物理性能，因此研究界面结构可为提高材料性能提供可行性。但目前研究金属-陶瓷界面的文献较多，对复相陶瓷界面结构的研究较少。

2.4 晶体体性质的计算 <<<

2.4.1 能带理论

能带理论是讨论晶体（包括金属、绝缘体和半导体的晶体）中电子的状态及运动的一种重要的近似理论。它把晶体中每个电子的运动看成是独立的在一个等效势场中的运动，即是单电子近似的理论；对于晶体中的价电子而言，等效势场包括原子实的势场、其他价电子的平均势场并考虑电子波函数反对称而带来的交换作用，是一种晶体周期性的势场。能带理论就是认为晶体中的电子是在整个晶体内运动的共有化电子，并且共有化电子是在晶体周期性的势场中运动；结果得到：共有化电子的本征态波函数是 Bloch 函数形式，能量是由准连续能级构成的许多能带。

固体由原子组成，原子又包括原子实和最外层电子，它们均处于不断的运动状态。为使问题简化，首先假定固体中的原子实固定不动，并按一定规律作周期性排列，然后进一步认为每个电子都是在固定的原子实周期势场及其他电子的平均势场中运动，这就把整个问题简化成单电子问题。能带理论就属这种单电子近似理论。当原子处于孤立状态时，其电子能级可以用一根线来表示；当若干原子相互靠近时，能级组成一束线；当大量原子共存于内部结构规律的晶体中时，密集的能级就变成了带状，即能带。能带中的电子按能量从低到高的顺序依次占据能级。最下面的是价带，是存在电子的能带中能量最高的带；最上面是导带，一般是空着的；价带与导带之间不存在能级的能量范围就叫做禁带，禁带的宽度叫做带隙（能隙）。绝缘体的带隙很宽，电子很难跃迁到导带形成电流，因此绝缘体不导电。金属导体只是价带的下部能级被电子填满，上部可能未满，或者跟导带有一定的重叠区域，电子可以自由运动，即使没有重叠，其带隙也是非常窄的，因此很容易导电。而半导体的带隙宽度介于绝缘体和导体之间，其价带是填满的，导带是空的，如果受热或受到光线、电子射线的照射获得能量，就很容易跃迁到导带中，这就是半导体导电并且其导电性能可被改变的原理。

在形成分子时，原子轨道构成具有分立能级的分子轨道。晶体是由大量的原子有序堆积而成的。由原子轨道所构成的分子轨道的数量非常之大，以至于可以将所形成的分子轨道的能级看成是准连续的，即形成了能带。每个原子轨道对应一条能带，带宽越大代表原子成键强度越大，反之原子成键强度越小。如果能带是一条直线，则表明周期方向上没有成键。能带的伸展方向取决于原子轨道的特性，因此可根据能带来分析晶体的体性质。分别建立 α-氧化铝、碳化钛和石墨烯的晶体结构模型，进行几何优化，所有原子完全弛豫，计算其晶格常数，获取能带和态密度，进行体性质分析。

2.4.2　α-氧化铝的体性质

α-氧化铝的晶体是自然存在的，属于三方晶系，为密排六方结构，空间群为 R-3C，其晶格参数为 $a=b=0.4759\,nm$，$c=1.297\,nm$，$\alpha=\beta=90°$，$\gamma=120°$。氧负离子近似作密排六方排列，铝正离子则填入八面体间隙中，但只占据了 2/3。铝正离子的排列遵循铝离子间距最大的原则，因此每三个相邻的八面体间隙中，有一个有规律地空着，如图 2-3(a) 所示。计算模型采用菱形元胞结构，由 6 个氧离子和 4 个铝离子组成，如图 2-3(b) 所示，其中，O 原子外层电子组态为 $2s^2 2p^4$，Al 原子外层电子组态为 $3s^2 3p^1$。刘东亮等[137] 对最佳截止能和最佳倒易空间 K 点数进行了收敛性检验，发现随着截止能的增加，总能量逐渐收敛，在截止能超过 420eV 后，总能量变化较小，并且总能量在 K 点数为 44 时达到收敛。因此根据其研究结果，本书在对 α-氧化铝进行几何优化并计算其晶格参数时，选取平面波截止能为 420eV，布里渊（Brillouin）区取 $7\times7\times7$ 的 K 点网格，自洽场能量收敛至 $2.0\times10^{-6}\,eV\cdot atom^{-1}$（$1eV\cdot atom^{-1}=99.1538\,kJ\cdot mol^{-1}$），每个原子上的应力须符合 $0.01\,eV\cdot atom^{-1}$，应力偏差设定为 0.02GPa，对晶体结构进行优化，所有原子完全弛豫。

经过几何优化后，总能量减少，体系更加稳定。α-氧化铝的能带结构如图 2-4 所示，价带顶和导带顶均位于 G 点，属于直接带隙结构。能带结构比较平坦，具有离子化合物的特征，整个能带可划分为三部分，价带底部 $-15\sim-20eV$ 区域，价带上部 $-7.5\sim0eV$ 区域和导带 $9\sim19eV$，费米能级穿过价带的顶部，具有绝缘体的特征。因此整个能带表现出典型的离子化合物和绝缘体的特征。禁带能隙计算值为 6.246eV。计算出的晶格参数及目前报道的 α-氧化铝的理论值和实验值见表 2-1，所得到的弹性常数及弹性模量见表 2-2，可以看出本书的计算结果与文献中的理论值与实验值近似，表明本书计算的精准性较高，所选参数合理。

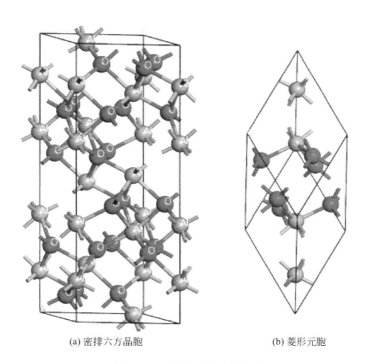

(a) 密排六方晶胞   (b) 菱形元胞

图 2-3　α-氧化铝的晶体结构

表 2-1　氧化铝菱形晶胞的晶格参数

项目	本书	文献[138]	文献[139]	实验值[140]
$a/\text{Å}$	5.128	5.06	5.08	5.128
$\gamma/(°)$	55.29	55.31	55.30	55.27

表 2-2　弹性常数及弹性模量

力学参数	计算值/GPa	理论值/GPa[141,142]	实验值/GPa[143]
C_{11}	466.7	476.8	497
C_{12}	189.5	157.6	163
C_{13}	120.3	119.4	116
C_{33}	499.6	476.6	501
C_{44}	110.5	145.5	147
弹性模量 E	394.7	391.6	335

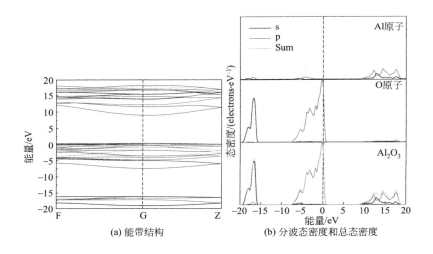

(a) 能带结构　　　(b) 分波态密度和总态密度

图 2-4　α-氧化铝的能带结构和态密度（电子版）

图 2-4 是 α-氧化铝的能带结构和态密度，可以看出总态密度由三个区域组成，其价带部分分为上下两个，上价带在 $-6.815 \sim 0.21\text{eV}$ 之间，主要是来自 O 原子的 s 轨道的贡献，同时也有 Al 的 3p、3s 轨道上的电子的影响，表示该区域的电子存在一定的杂化；下价带在 $-19.8 \sim -15.2\text{eV}$ 之间，主要来自 O 原子的 p 轨道的贡献。导带位于 $10 \sim 19\text{eV}$ 之间，主要是 Al 原子的 p 轨

道的贡献。虽然 α-氧化铝中存在一定的杂化现象，属于离子键与共价键并存的混合键材料，但其中共价键的共价性比较弱，主要为离子键，因而氧化铝具有较强的抗变形能力。

从表 2-3 中的布居数分析可以看出，氧化铝的 s、p 轨道上的电子分布为分数，说明 Al 正离子和 O 负离子之间存在明显的电子转移现象，即 Al—O 间的电子波函数存在一定的重叠和杂化，使得氧化铝具有一定的共价成分，但数量相对离子键较少。在 Al 和 O 成键中，Al 的 3p、3s 轨道上的电子跃入了 O 的 2p 轨道，从而形成了上价带的成键峰。O 原子得电子，静电荷为 -0.69，Al 原子失电子，静电荷为 2.07，形成了很强的 Al—O 离子键，更加证明 α-氧化铝属于典型的离子晶体。

表 2-3　氧化铝晶体的布居数分析表

元素	编号	s	p	d	f	总量	电子
O	1	1.91	4.78	0.00	0.00	6.69	-0.69
O	2	1.91	4.78	0.00	0.00	6.69	-0.69
O	3	1.91	4.78	0.00	0.00	6.69	-0.69
O	4	1.91	4.78	0.00	0.00	6.69	-0.69
O	5	1.91	4.78	0.00	0.00	6.69	-0.69
O	6	1.91	4.78	0.00	0.00	6.69	-0.69
Al	1	0.33	0.60	0.00	0.00	0.93	2.07
Al	2	0.33	0.60	0.00	0.00	0.93	2.07

从表 2-4 中可以看出，氧化铝中含有两种键长的 Al—O 键，键长分别为 1.855Å 和 1.971Å，表明氧化铝晶体有一定的畸变。O—O 键和 Al—Al 键的布居数均为负值，说明 Al 离子之间和 O 离子之间都存在排斥力，Al—Al 键的布居数小于 O—O 键，表

明 Al 离子间的排斥力比 O 离子的小。在静电力的作用下，两离子的电子云发生变形，O 离子周围的电子云呈不规则球状分布，如图 2-5 所示，表明两离子的电子轨道有重叠，即存在极性较小的共价键结合。

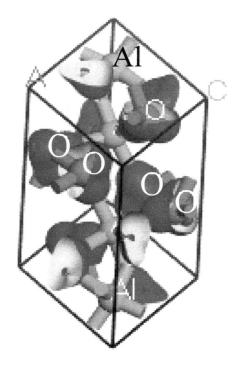

图 2-5　氧化铝的等电荷密度

表 2-4　氧化铝的键布居数及键长

键	键布居数	键长/Å
O—Al	0.35	1.855
O—Al	0.26	1.971
O—O	−0.17	2.525

续表

键	键布居数	键长/Å
O—O	−0.16	2.619
Al—Al	−0.5	2.652
O—O	−0.1	2.725
Al—Al	−0.64	2.79

综上所述，氧化铝既具有离子键（使得晶体有强静电作用），又有共价键（使得晶体具有方向性），再加上氧化铝的禁带较宽，这三个因素的综合作用使得氧化铝具有高硬度性和脆性。要提高氧化铝的韧性，需要从微观结构上改进以提高不同元素间电子波的重叠和杂化。

2.4.3　碳化钛的体性质

碳化钛是一种铁灰色的晶体，低密度（4.93g/cm³）、高硬度、高熔点[144]，可用在氧化铝基陶瓷刀具材料中起到细化基体晶粒的作用。对碳化钛的体相和表面性质研究有利于解释其细化机理。碳化钛为立方晶系，空间群为 Fm-3m（225），$a =$ 4.33Å，其晶体结构如图 2-6 所示，深色为碳原子，位于（1/2，1/2，1/2）处，浅色为钛原子，位于（0，0，0）处。对钛原子，Ti($3s^2 3p^6 3d^2 4s^2$) 为价态电子，Ti($1s^2 2s^2 2p^6$) 为芯态电子；对 C 原子，C($2s^2 2p^2$) 为价态电子，C($1s^2$) 为芯态电子。在进行几何优化及计算其晶格参数时，选取截止能为 420eV，布里渊（Brillouin）区取 $7 \times 7 \times 7$ 的 K 点网格，自洽场的收敛值取为 2.0×10^{-6} eV·atom^{-1}，单个原子上的应力须符合 0.01eV/Å，应力偏差设定为 0.02GPa，对晶体结构进行优化，所有原子完全弛豫，所有计算均在倒格矢空间进行。

对碳化钛晶胞进行结构优化，计算所得的晶格常数为 $a =$

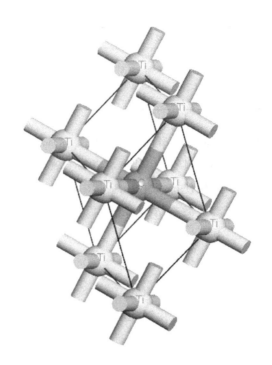

图 2-6 碳化钛晶胞

4.30Å，误差为 0.6%，该值与文献资料中的理论和实验数值见表 2-5，可以看出本书的计算结果与文献中的理论值近似，表明本书计算的精准性较高，所选参数合理。结构优化后的碳化钛能带结构和态密度如图 2-7 所示，虚线处为费米能级。

表 2-5 碳化钛的晶格常数、弹性模量和弹性常数

项目	$a/\text{Å}$	E/GPa	C_{11}	C_{12}	C_{44}
本书	4.30	267	576	135	177
文献理论值[145-148]	4.38、4.27、4.26	283	593	128	160

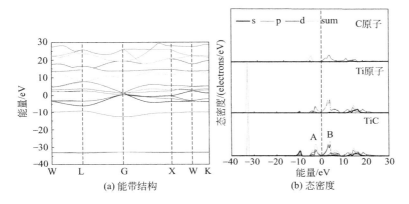

图 2-7　碳化钛的能带结构和态密度（电子版）

从图 2-7(a) 的能带结构图可以看出，碳化钛的能带带隙为零，在远离费米能级处有一价带，来自 C 原子的 2s 轨道的贡献，费米能级处的能带重叠，主要源于 C 原子的 2p 轨道和 Ti 原子的 3d 轨道的贡献，其中 G 点对应的交叠能带主要由 C-2p 形成，说明碳化钛具有一定的金属性，费米能级上方的导带源于 Ti-3d。

根据图 2-7(b) 所示的碳化钛态密度图，费米能级处的态密度不为零，其 DOS 值为 0.279electrons·eV^{-1}，这也表明碳化钛具有一定的金属性。Ti 原子和 C 原子的在费米能级处有较大重叠，并形成了成键与反键态密度重叠峰群，这主要来自 C-2P 和 Ti-3d 轨道的贡献，形成了 p-d 杂化键。费米能级两侧各有一个尖峰 A 和 B，分别位于 $-2.49eV$ 和 $2.83eV$ 附近，峰值点主要是由于 C-2P 和 Ti-3d 形成，两峰的间距为 $3.2eV$，形成了一个以费米能级为中心的较宽赝能隙，说明碳化钛中的 Ti-C 键具有很强的共价性。

对理想碳化钛晶体结构的布居数分析见表 2-6，可以看出，碳化钛 s、p、d 轨道上的电子分布为分数，说明 Ti 原子和 C 原子之间存在明显的电子转移现象，C 原子得到电子，Ti 原子失去电子，静电荷为 0.69，键布居数为 2.01，C—Ti 键的键长为 2.165Å，这是碳化钛中含有共价键的表现。可见，碳化钛的化学键中既有共价键，又有离子键，还有金属键，其中 Ti—C 共价键占绝大部分，离子键次之，金属键最少。这些决定了碳化钛具有高熔点和高硬度等特性。

表 2-6 碳化钛晶体的布居数分析表

元素	编号	s	p	d	f	总量	电子
C	1	1.49	3.19	0.00	0.00	4.69	-0.69
Ti	1	2.13	6.60	2.59	0.00	11.31	0.69

2.4.4 石墨烯的性质

建立的石墨烯模型为 6×6 的超晶胞，锯齿形结构，空间群为 183P6mm，单胞晶格常数为 $a = b = 2.46$，$c = 3.4$，加入 C 原子（0.333，0.667，0.5），在 C 轴方向取 20Å 作为真空层，把超晶胞中的 a、b 扩大成 6 倍，作为石墨烯的计算模型（如图 2-8 所示），平面波截止能为 240eV，Monkhorst-Pack 布里渊区 K 点设置为 $7 \times 7 \times 1$，所考虑的价态电子为 C（$2s^2 2p^2$）。

以总能量最小为准则，对石墨烯的结构进行几何优化，最终确定合理的石墨烯晶格常数为 $a = 2.4675$Å，与实验值 2.46Å 基本一致，所计算出的最小能量为 -315.83eV，单层石墨烯的键长为 1.42Å。

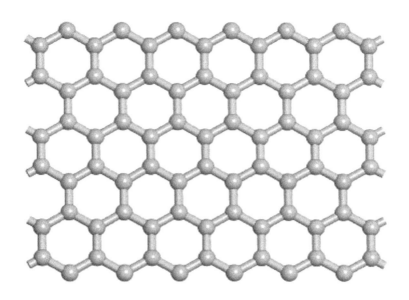

图 2-8 石墨烯结构

图 2-9(a) 所示为石墨烯的能带结构图,可以看出,石墨烯
K 空间的路径为 A—H—K—G—M—L,价带顶和导带底均位于

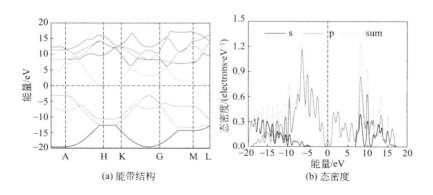

(a) 能带结构   (b) 态密度

图 2-9 优化后石墨烯的能带结构和态密度(电子版)

0eV，价带和导带略有交叠，费米面刚好穿过两者的相交点，成为导带和价带的对称面，禁带宽度为零，表明石墨烯具有不同于半导体的奇异特性，为典型的半金属，具有卓越的导电性。从图 2-9(b) 中可以看出，费米能级处的态密度不为 0，其左侧为价带，右侧为导带，p 轨道对态密度的贡献最大。

2.5　晶面性质的计算

晶面可以认为是晶体沿某个方向劈开而形成的，晶体的不同晶面具有不同的表面能，原子最密堆积晶面的表面能最低。由于晶面模型的种类很多，为了减少计算工作量，选择几种典型晶面进行几何结构优化，在此基础上计算各晶面的表面能，以判断该晶面能否稳定存在。所有计算采用平面波超软赝势法进行能量近似，由广义梯度函数（PW91）进行校正。各晶面的表面能的计算公式如下所示[149]：

$$E_{surf} = \frac{E_{slab} - \left(\frac{N_{slab}}{N_{bulk}}\right)E_{bulk}}{2A} \quad (2-7)$$

式中，E_{surf} 为各晶面的表面能，$J \cdot m^{-2}$；E_{slab} 和 E_{bulk} 分别表示晶面模型的总能量和体相总能量，eV；N_{slab} 是各个晶面的原子数；N_{bulk} 为体相的原子数；A 是晶面面积，$Å^2$。

E_{surf} 值越小，表明该晶面越稳定。其中单个晶面面积的计算公式为：

$$A = (a \times b)\sin\gamma \quad (2-8)$$

式中，a 和 b 分别为表面模型的两条边长，Å；γ 为两条边的夹角，（°）。

相对于外层电子，原子核周围的内层电子较不活跃，对材料性质的影响可忽略。外层电子的电荷得失直接影响材料的性能，因此可以通过电子密度来分析材料的晶面性质。

2.5.1　α-氧化铝表面性质的计算

对几何优化后的氧化铝晶体按不同晶面方向进行切割，获取了不同的表面。氧化铝为密排六方结构，通常使用四轴和四指数体系来表示各晶面。氧化铝典型的晶面有 Al_2O_3 (0001)、Al_2O_3 ($10\bar{1}0$)、Al_2O_3 ($10\bar{1}1$)、Al_2O_3 ($11\bar{2}0$)。H. Suzuki 等[150] 的研究表明，虽然各晶面的结构不同，但是用分子动力学方法计算得到的表面能数值比较接近。因此由于氧化铝的生长平面为 Al_2O_3 (0001)，本书只模拟计算 Al_2O_3 (0001) 表面的性质。根据章伟[151] 的研究，Al_2O_3 (0001) 表面的厚度参数为 3.5Å 时，可以在保证计算精度的前提下节约计算时间。Al_2O_3 (0001) 终止表面包括三种：O 终止、单层 Al 终止和双层 Al 终止表面，这三种 Al_2O_3 (0001) 表面的超胞模型如图 2-10 所示，各模型显示为晶胞模式 (in-cell)，粉色的为 Al 原子，红色的为 O 原子，其中 O 终止和单层 Al 终止表面模型包含 6 个原子层，双层 Al 终止表面模型包含 7 个原子层，几何优化时设置真空层为 15Å，采用超软赝势，综合考虑计算精度和效率，优化收敛精度设定为 2.0×10^{-5} eV，平面波截止能取为 510eV，模拟温度为 300K，布里渊区采用 $7 \times 7 \times 1$ 的 K 点网格。采用周期性边界条件，先对各晶面先进行几何优化，再对优化后的模型计算总能量和表面能。

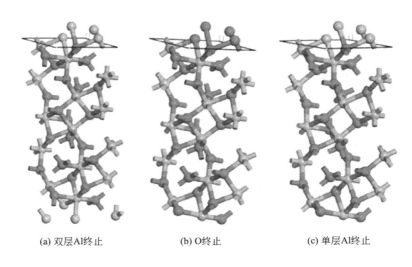

(a) 双层Al终止   (b) O终止   (c) 单层Al终止

图 2-10 Al_2O_3（0001）晶面

结构优化之后，表面的原子出现明显迁移，内层的 O 原子向外迁移，外层的 Al 原子向内迁移，这说明相对于 Al 原子，O原子的活性更大，更容易与外界作用。不同终止表面的外层原子弛豫方向和大小有所不同，单层 Al 终止表面的原子弛豫最明显，其次是双层 Al 终止表面，最小的是 O 终止表面。根据式（2-7）计算得到的表面能列于表 2-7 中。

表 2-7   各表面的表面能

表面	E_{bulk}/eV	E_{slab}/eV	$A/Å$	$E_{surf}/(J \cdot m^{-2})$
双层 Al 终止	−11032.67	−12029.55	53	6.562
O 终止	−9528.52	−9599.63	60	4.235
单层 Al 终止	−9938.64	−9957.27	58	1.673

从表 2-7 可以看出，Al_2O_3 (0001) 的三个面的能量差距很大，单层 Al 终止表面的表面能最低，为 $1.673J \cdot m^{-2}$，双 Al 终止表面的表面能最高，为 $6.562J \cdot m^{-2}$，O 终止表面的能量介于两者中间，这与文献 [152] 的计算结果相似。由于表面能的大小决定了表面的稳定性，表面能越低，表面的结构越稳定，所以可以断定单层 Al 终止表面是稳定存在的表面，这与 E. A. Soares 等[153] 的计算结果一致。在后续界面计算时优先选择单层 Al 终止的 Al_2O_3 (0001) 面作为氧化铝与其他材料的接触表面。

2.5.2　碳化钛表面性质的计算

碳化钛为面心立方结构，根据原子在表面上的堆垛方式，其典型的表面构型有 TiC(001)、TiC(110) 和 TiC(111)，如图 2-11 所示。其中，TiC(001) 和 TiC(110) 表面同时包含 Ti 原子和 C 原子，而 TiC(111) 表面只含有一种单原子，因此可分为 Ti 终止 TiC(111) 表面和 C 终止 TiC(111) 表面两种。

建立各表面的结构模型，在几何结构优化之后，计算表面的能量。对 TiC(100) 和 TiC(110) 表面，采用 1×1 表面几何，即每一次只包含一个 Ti 原子和一个 C 原子，而对于 TiC (111) 面，分别建立 Ti 终止型和 C 终止型两个表面模型，每一层包含一个 Ti 原子或一个 C 原子，也采用 1×1 表面几何。材料表面的厚度影响计算工作量及计算结果的精确度，如果取值偏大，计算量就大，对计算机的要求高，难以实现；反之取值偏小，则不能准确预测材料表面的性质，因此需要进行收敛性测试。根据测试结果，除 TiC(110) 表面构型选为 7 层外，其他各表面的原子构型均选为 6 层[154]，真空层设为 15Å，其他参数同氧化铝晶体。计算出的体系总能量列于表 2-8。

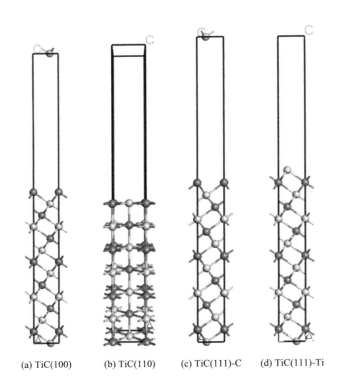

(a) TiC(100)　　(b) TiC(110)　　(c) TiC(111)-C　　(d) TiC(111)-Ti

图 2-11　碳化钛的晶面（电子版）

表 2-8　常见碳化钛晶面的面积及能量

晶面	晶面面积/Å²	表面能/(J·m⁻²)	文献[93]	文献[155]
TiC(001)	18.01	1.57	1.665	1.64
TiC(110)	19.97	3.59	3.631	3.63
TiC(111)-C	18.22	3.99	3.122	2.35
TiC(111)-Ti	18.22	1.35	—	—

　　在计算过程中，碳化钛的四个晶面均未发生表面重构现象，从表 2-8 中可以看出，Ti 终止 TiC(111) 的表面能最低，为最能够稳定存在的表面。TiC(111) 晶面由于 Ti 原子具有 d 电子轨道而有较高的表面活性，但该表面活性随着原子层数的增加而减弱。虽然 TiC(100) 和 TiC(110) 表面的表面能相差较大，但由于两个晶面均为非极性表面，因此两者具有一定的相似性，在结构优化后，两个面上的 Ti—C 键均增强，计算过程中的弛豫只影响上三层原子。因为表面能越低，表面结构越稳定，所以在后续界面计算时优先选择 Ti 终止的 TiC(111) 作为界面的组成面。

2.6　界面性质的计算

　　对界面行为描述的过程中，最重要的参量是界面自由能（γ）。假设存在 A 和 B 两种相，界面就是结构性质截然不同的 A、B 两表面间的接触面，如图 2-12 所示。裂纹在界面处扩展的条件是外界所做的黏附功大于界面的能量，因此界面的机械结合强度可以用黏附功来表示，其数值越大，表明界面的结合强度越高，反之越低，因此通过黏附功的计算可以比较界面的结合强度，同时采取多种方法来提高界面的黏附功可以抑制裂纹从界面上产生。在研究界面的能量体系时，设定仿真温度为 300K，忽略气体压力的影响。

　　黏附功的计算如下：

$$W_{ad} = (E_A^{slab} + E_B^{slab} - E_{A/B}^{interface})/A \qquad (2\text{-}9)$$

　　式中，A 为界面面积；E_A^{slab} 和 E_B^{slab} 分别是构建界面的 A 相和 B 相的能量；$E_{A/B}^{interface}$ 是界面模型的自由能。

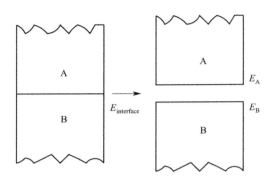

图 2-12 界面分离示意图

与黏附功不同，界面能主要反映有界面存在时能量的变化，界面能的计算如下[156]：

$$W_{\text{int}} = \frac{E_{\text{A/B}}^{\text{interface}} - N_A E_A^{\text{bulk}} - N_B E_B^{\text{bulk}}}{A} \tag{2-10}$$

式中，A 表示界面的面积；$E_{\text{A/B}}^{\text{interface}}$ 是界面模型的自由能；E_A^{bulk} 和 E_B^{bulk} 分别是组成界面的 A 和 B 两相所在单胞的自由能；N_A 和 N_B 分别是界面模型所包含的两相单胞的个数。

在原子尺度的模拟中，界面模型一般有团簇和超胞两种，考虑计算机运行能力和计算耗时，本书选用具有周期性边界条件的超胞模型。根据结晶学理论，密排六方晶体（hcp）和面心立方晶体（fcc）最可能的匹配关系是 $(0001)_{\text{hcp}} \parallel (111)_{\text{fcc}}$ 和 $(10\overline{1}0)_{\text{hcp}} \parallel (\overline{1}10)_{\text{fcc}}$。因此基于优化后的晶面结构，建立了 $Al_2O_3(0001)/TiC(111)$、$Al_2O_3(0001)/C(1000)$ 和 $TiC(111)/C(1000)$ 初始界面模型，进行几何结构优化，确定了稳定的界面结构，分析了界面稳定性和成键特征，研究界面性质。

2.6.1　氧化铝和碳化钛界面

以氧化铝为基体相，分别建立三层 Al_2O_3（0001）和单层、二层、三层、四层 TiC(111) 界面模型，如图 2-13 所示，红色的球代表 O 原子，粉色的是 Al 原子，暗灰色的是 C 原子，浅灰色的是 Ti 原子。在 TiC(111) 表面上方建立 20Å 真空层。固定最下层 Al_2O_3（0001）片层，进行结构优化。计算时平面波的截止能取为 420eV，布里渊区（Brillouin）采用 $7 \times 7 \times 7$ 的 K 点网格，自洽场能量收敛至 $2.0 \times 10^{-6} eV \cdot atom^{-1}$，单个原子上的应力符合 $0.01eV/Å$，应力偏差设定为 0.02GPa。

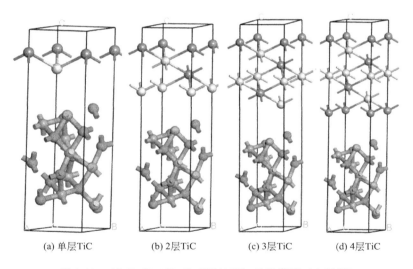

(a) 单层TiC　　　(b) 2层TiC　　　(c) 3层TiC　　　(d) 4层TiC

图 2-13　Al_2O_3（0001）和 TiC(111) 界面模型（电子版）

从表 2-9 可以看出，界面的结合能随着界面上碳化钛层数的增多先增大后减小，在碳化钛层数为 2 时，界面能具有最大值。根据 Young-Dupre 方程，在其他参数不变时，分开界面所需要的黏附功与界面能的变化趋势一致，表明界面能决定了界面的结合强度。因此，通过合理调配界面的碳化钛层数可以改善氧化铝-碳化钛界面的性能。

表 2-9   氧化铝-碳化钛界面的能量

碳化钛层数	$W_{ad}/(J \cdot m^{-2})$	$W_{int}/(J \cdot m^{-2})$
1	1.74	1.78
2	2.73	2.63
3	2.12	2.32
4	1.73	1.76

2.6.2   石墨烯与其他晶面的界面

分别以 Al_2O_3(0001) 和 TiC(111) 为基体相，建立单层石墨烯与基体相的界面结构，见图 2-14。在 C（1000）表面上方建立 20Å 真空层。固定基体相的最底片层，进行几何结构优化。计算时平面波的截止能选取为 420eV，布里渊区（Brillouin）取 $7\times7\times7$ 的 K 点网格，自洽场能量收敛至 $2.0\times10^{-6}eV \cdot atom^{-1}$，

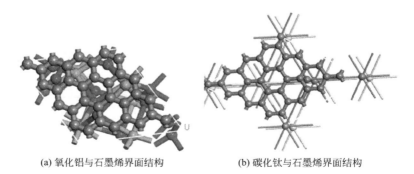

(a) 氧化铝与石墨烯界面结构   (b) 碳化钛与石墨烯界面结构

图 2-14   含石墨烯的界面建模（电子版）

每个原子上的应力符合 $0.01eV \cdot Å^{-1}$，应力偏差设定为 $0.02GPa$。

　　优化后计算体系的能量，氧化铝-石墨烯界面的黏附功为 $1.02J \cdot m^{-2}$，界面能为 $1.25J \cdot m^{-2}$，碳化钛-石墨烯的则分别为 $1.75J \cdot m^{-2}$ 和 $1.39J \cdot m^{-2}$，均低于氧化铝-碳化钛界面的能量。界面能小，表明为弱结合界面，即石墨烯具有降低复合材料界面黏结强度的可能。弱结合界面可诱发微裂纹增韧机制，能够吸收更多的断裂能，有利于提高材料的断裂韧性，因此添加石墨烯具有实现界面调控的可行性。氧化铝-石墨烯界面上，石墨烯内 C 原子的排布依然为蜂窝状，最短键长为 $1.46Å$，相比于原石墨烯的 C—C 键长 $1.42Å$ 略有增大，电子结构发生了明显改变。Al—C 键主要表现为共价键特征，石墨烯与 TiC(111) 界面上，石墨烯中的键长也有所增加，其 C 原子与碳化钛表层的 Ti 原子发生电子轨道杂化，形成的最短键长为 $2.1Å$。

2.7　界面结合强度计算

　　长期以来固体量子力学理论未能很好地解决价电子结构的计算问题，因而材料成分、结构、性能与价电子结构的本质联系一直未能得到揭示。20 世纪 70 年代，余瑞璜教授从实验出发，采用理论与实验相结合的方法，在量子力学、Pauling 理论、能带理论的基础上，结合周期表上前 78 种元素和上千种晶体和分子结构，对一般的合金相图及一系列物理性能资料进行了检验和全面总结，于 1978 年提出了用于处理复杂体系的"固体与分子经验电子理论"，即余氏理论（EET）。对于点阵参数已知的晶体结构，EET 能给出晶体中键络上的电子分布和原子所处的状态，用来计算晶体的结合能、熔点、合金相图等，开创了材料设计的新途径。

固体与分子经验电子理论从"经验背景"出发，首先构造两个原子态，即所谓的 h 态和 t 态，然后根据杂阶公式求得原子的一系列杂化态，再求出各种电子数，借助晶体空间群资料，将电子分配到一些特定的方向（键）上，然后使用修改后的 Pauling 公式计算键长，得到所谓理论键距。另外，根据晶格常数计算各种近临距离，得出实验键距。最后将理论键距和实验键距进行对比，如果误差小于定数（0.05Å），则认为构造的原子态（电子结构）是合理的，否则，重新构造，重新计算，直到理论键距和实验键距符合误差允许范围为止。1993 年，程开甲在"改进的 TFD（Thomas-Fermi-Dirac）模型理论"中，对 EET 选择参数的法则做了严格阐述，并从第一原理出发，采用量子力学变分法证明 EET 的判别条件实际上亦是第一原理的必然结果，这就为 EET 提供了理论依据。

运用严格的量子计算可以加深对材料本质的了解，但目前，这只在一些特殊的情况下才可以做到。因此，采用改进的 TFD 模型作为 EET 的最初近似"探针"，可以与 EET 一起为开展材料研究提供新认识。余氏理论提供了计算群体原子价电子结构的方法和基础数据，使得合金相的价电子结构计算成为可能。

根据固体与分子经验电子理论（the Empiric Electron Theory，EET），进行了氧化铝陶瓷材料组分的价电子结构分析，采用键距差法（Bond Length Difference，BLD）计算了晶体中可能存在共价键长的第一阶近似分布，从而得到已知晶体的定量或定性的物理性质。电子密度，即单位面积上的共价电子数，可根据式(2-11) 求出：

$$\rho = \frac{\sum n_a}{S} \qquad (2\text{-}11)$$

式中，$\sum n_a$ 是所有能带上的共价电子数；S 是晶面面积。

相对电子密度差，即界面结合强度定义式如下：

$$\Delta\rho = \frac{2 \times |\rho_{hkl} - \rho_{uvw}|}{\rho_{hkl} + \rho_{uvw}} \times 100\% \qquad (2\text{-}12)$$

式中，ρ_{hkl} 和 ρ_{uvw} 分别是异相界面 hkl 和 uvw 的电子密度，$\Delta\rho$ 两界面 hkl 和 uvw 的电子密度差。

电子密度越大，且异相界面的相对电子密度差越小，电子云重叠会越多，键能会越大。因此电子密度的数量和分布会影响界面结合能力，从而影响复合材料的微观结构和宏观性能。Al_2O_3 晶格为密排六方结构，其主要晶面包括 Al_2O_3(0001)、O($10\bar{1}0$)，Al($10\bar{1}0$) 和 Al_2O_3($10\bar{2}0$)。TiC 为面心立方结构，其主要晶面包括 TiC(111) 和 TiC(110)。石墨烯是一种由碳原子以 sp^2 杂化轨道组成六角形呈蜂巢状晶格的二维碳纳米材料，其晶面为 C(0001)。根据每一种晶面的原子结构采用 BLD 法计算其电子密度，计算结果见表 2-10。

表 2-10 各晶面的电子密度

晶面	Al_2O_3(0001)	O($10\bar{1}0$)	Al($10\bar{1}0$)	Al_2O_3($11\bar{2}0$)
电子密度 ρ /nm^{-2}	1.1293	0.1014	10.2676	11.2771
晶面	TiC(100)	TiC(111)	TiC(110)	C(0001)
电子密度 ρ/nm^{-2}	46.1878	6.4065	16.3988	76.3440

从表 2-10 可以看出，C(0001) 晶面上的电子密度最高，其

次是 TiC(100)，其他晶面上的电子密度较小。根据式（2-12）计算出的异相界面上的电子密度差见表 2-11。

表 2-11　异相界面的相对电子密度差　　　　　　　%

晶面	TiC(100)	TiC(111)	TiC(110)	C(0001)
$Al_2O_3(0001)$	1.9045	1.3064	1.7422	1.9417
$O(10\bar{1}0)$	1.8368	1.9376	1.9754	1.9947
$Al(10\bar{1}0)$	1.2725	0.4631	0.4598	1.5258
$Al_2O_3(11\bar{2}0)$	1.2150	0.5509	0.3701	1.4852
C(0001)	0.4922	1.6903	1.2927	0

电子密度差 $\Delta\rho$ 越小，异相界面的结合能越大。从表 2-11 可以看出，当不考虑 C(0001) 晶面时，有 66.7% 的电子密度 $\Delta\rho$ 大于 1%，但包括 C(0001) 晶面后，这个比例提高到了 73.6%，这表明在陶瓷刀具材料中加入石墨烯后，异相界面中弱结合界面的比例增大。另外，对比相对电子密度差可以发现，除 TiC (100) 晶面外，C(0001) 晶面与其他晶面的电子密度差 $\Delta\rho$ 相对较大。上述计算表明，由于石墨烯的加入，异相界面中的弱界面比重增加，这对分析石墨烯的强韧化机理具有重要的意义。

本章小结

（1）计算了氧化铝、碳化钛和石墨烯的体性质。发现氧化铝的整个能带表现出典型的离子化合物和绝缘体的特征，离子键占绝大部分，氧化铝中含少量共价键；碳化钛中的共价键占大部分，离子键次之，金属键最少。石墨烯的价带和导带略有交叠，费米面为导带和价带的对称面，禁带宽度为零，因此具有不同于半导体的奇异特性。

（2）通过计算氧化铝和碳化钛各晶面的表面能，发现在氧化铝的晶面里单层 Al 终止 $Al_2O_3(0001)$ 晶面的表面能最低，表明该晶面能够稳定存在。Ti 终止 TiC(111) 晶面也是稳定存在的表面。

（3）通过计算分析氧化铝-碳化钛、氧化铝-石墨烯、碳化钛-石墨烯界面，发现含石墨烯的界面能均低于不含石墨烯的界面，这表明石墨烯可降低复合材料界面结合强度，形成弱结合界面，即添加石墨烯具有实现界面调控的可行性。

（4）通过第一性原理的计算，获得了陶瓷刀具材料组分的各向异性参数、各晶面的表面能和界面的能量，为微观结构模拟仿真提供了参数值。

第3章

基于微观结构有限元分析模型的陶瓷刀具材料性能预报

陶瓷刀具材料的破损是一个由损伤逐渐加剧导致微裂纹萌生并扩展，直至部分剥落或整体断裂的过程，因此该过程至少包含微观和宏观两个尺度。在微观尺度上，材料为非均质结构。在宏观尺度上，材料可视为连续体，微观结构影响宏观性能。由于微观结构的复杂性，采用试验方法来测量材料的等效力学性能不现实，因此，数值模拟与计算成为探索材料微观结构与宏观性能的关系从而研发新材料的重要手段。

本章建立了基于微观结构有限元分析模型的材料抗弯强度和断裂韧性的预报模型，研究了复相陶瓷刀具的组分抗拉强度、添加相体积分数、粒径及石墨烯含量对宏观材料的断裂韧性和抗弯强度的影响，为新材料的研制提供了理论指导。

3.1　模拟方法概述

随着复合材料结构种类的多样性发展，传统断裂力学已不能满足韧性开裂以及复合材料界面开裂等研究需求，基于弹塑性断裂力学的内聚力单元法（Cohesive Zone Method，CZM）已被用于计算复合材料界面损伤和断裂过程。内聚力单元法是一种微观现象的假设，其本质是假定裂纹尖端是由两裂纹表面组成的一个微小的内聚力区，界面上的力和位移满足位移构造控制方程，避免了裂纹尖端应力奇异性。CZM 可以模拟随机的材料断裂损伤过程，并且裂纹扩展行为不受限制，符合复合材料的实际断裂过程。CZM 中，内聚力区域被看作是连续柔性层，通过连续类型的单元实现，其内聚力法则可由积分点处的应力-应变曲线实现。有两种主要的方法来实施 CZM：弥散内聚力模型和界面内聚力模型。弥散内聚力单元和传统的连续单元一样，可以用应力-应变关系表示，但是不适合研究界面裂纹扩展。因为在裂纹两侧面间插入非常薄的一层单元作为弥散内聚力单元，这将导致单元的长宽比较大，使得有限元分析较困难，可能引发严重的收敛困难。界面内聚力模型是一种零厚度的内聚力单元，这种内聚力模型用应力-位移关系表示，不受单元长宽比的影响。可以将内聚力单元嵌入 ABAQUS 的算法，模拟准脆性材料的三维复合裂纹扩展，效率较高。在仿真时，内聚力单元、软化的牵引力-分离关系以及损伤萌生和演化的准则均被嵌入实体单元中，初始的网格可以由四面体网格、楔形体网格和六面体网格组成，不再需要其他的单元。

ABAQUS 是一套功能强大的工程模拟的有限元软件，其解决问题的范围从相对简单的线性分析到许多复杂的非线性问题。ABAQUS 包括一个丰富的、可模拟任意几何形状的单元库，并拥有各种类型的材料模型库，可以模拟典型工程材料的性能，其中包括金属、橡胶、高分子材料、复合材料、钢筋混凝土、可压缩超弹性泡沫材料以及土壤和岩石等地质材料，作为通用的模拟工具，ABAQUS 除了能解决大量结构（应力/位移）问题，还可以模拟其他工程领域的许多问题，例如热传导、质量扩散、热电耦合分析、声学分析、岩土力学分析（流体渗透/应力耦合分析）及压电介质分析。ABAQUS 软件采用 CAD 方式建模和可视化视窗系统，具有友好的用户界面和丰富的单元库，操作简便，并支持 INP 文件输入。它不但可以做单一零件的力学和多物理场的分析，同时还可以做系统级的分析和研究，如能够进行静、动态分析及复杂的耦合物理场分析，具有较高的可靠性。ABAQUS 优秀的分析能力和模拟复杂系统的可靠性使得 ABAQUS 被各国的工业和研究所广泛采用。

3.2 材料微观结构有限元分析模型

3.2.1 代表性体积单元

若根据试样的实际尺寸来模拟微观尺度下材料的失效行为，其计算量将非常大，计算过程也不可能实现。总体来看，复合材料是宏观均匀的，因此，研究其微观结构，只需要取一代表性体积单元即可。因此为了减少计算机的工作量及分析问题方便，在建立分析模型时，引入"代表性体积单元"（Representative Volume Element，RVE）[157]。代表性体积单元是一个相对于组分相足够大的区域，国内外学者采用不同的方法来定义 RVE，并试图找到一种最接近实际的定义。代表性体积单元要求在尺寸上是最小的，但是需要包含足够多的微观结构的几何信息和分布信息，并能反映材料微观结构的统计学特征。一般认为材料的代表性体积单元必须满足以下两个条件：①RVE 必须包含所有的材料细观结构特征；②RVE 必须足够大，以至于宏观弹性参数不因加载方式而变化。事实上，从材料细观结构中任意画出一个区域就能够计算出与这个区域相对应的宏观弹性常数。这些常数随着区域的尺寸而变化。RVE 是能够代表材料宏观响应的最小区域，根据这个定义，在工程实际应用中，只要所选区域的宏观弹性模量与材料弹性模量的偏差不超过 5%，那么就可以将这个区域作为 RVE。这样便对微观结构进行了统计意义上的简化，使得代表性体积单元的体积尺寸虽小，却能够包含微观结构基本信息，如组分、平均粒径、位置分布等，并且体现出材料性能[158]。氧化铝-碳化钛陶瓷的 SEM 图像如图 3-1(a) 所示，其晶粒大小、分布各不相同，两相颗粒穿插交错，结构非常复杂。图 3-1(b) 是该微观结构经 Matlab 软件处理之后的二值图，根据该图和分形理论，绘制出分形维数的曲线见图 3-1(c)，可以看出盒子尺寸与非空盒子数量具有对数线性关系，这表明对陶瓷材料而言，代表性体积单元可以用来进行微观结构的分析计算。根据文献 [159]，代表性体积单元的尺寸大于或等于 $5\mu m \times 5\mu m$ 时，材料微观结构的统计学特征能够在所设计的模型中准确表征。

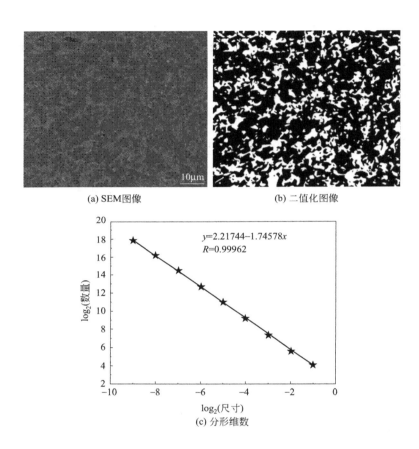

(a) SEM图像　　　　　　　(b) 二值化图像

(c) 分形维数

图 3-1　氧化铝基陶瓷的 SEM 图像、二值化图像和分形维数

3.2.2　微观结构几何模型

陶瓷为多晶体材料，其微观结构可看成是由大小形状各异的晶粒堆积而成，每个晶粒可以采用 Voronoi 镶嵌来表征[160-162]。本书利用 Neper 软件[105]的 T 模块来构造基于 Voronoi 镶嵌的多晶微观结构，每个 Voronoi 镶嵌表征一个晶粒，利用 M 模块将

每个晶粒划分三角形网格，输出 INP 文件。图 3-2 展示了含
1000 个晶粒的微观结构几何模型，其中图 3-2(a) 为由不规则晶
粒组成的代表性体积单元，图 3-2(c) 为由规则晶粒组成的代表
性体积单元。这两种代表性体积单元的晶粒粒径均服从正态分
布，如图 3-2(b)、(d) 所示。

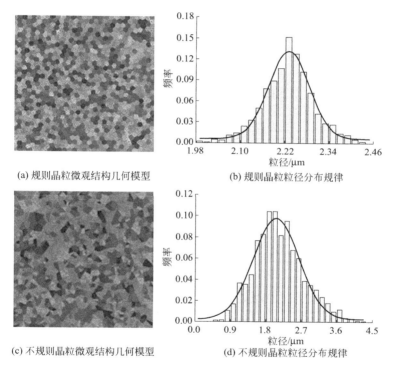

(a) 规则晶粒微观结构几何模型

(b) 规则晶粒粒径分布规律

(c) 不规则晶粒微观结构几何模型

(d) 不规则晶粒粒径分布规律

图 3-2　含 1000 个晶粒的微观结构几何模型及粒径分布

　　INP 文件是一种完整描述仿真过程的文本文件，可以通过
INP 文件来实现模型参数的修改和分析过程的控制，并完成某些

ABAQUS/CAE 前处理器中不支持的功能，比如设置晶粒位向等。

基于 VC++平台和已有的 INP 文件，通过编程开发微观内聚力单元生成系统，其程序流程如图 3-3(a) 所示。该系统可在网格边界上插入内聚力单元 COH2D4，并能够根据要求的参数

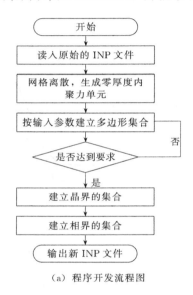

（a）程序开发流程图

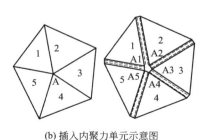

(b) 插入内聚力单元示意图

图 3-3 程序流程图及内聚力单元示意图

给出晶粒集合和界面的集合，其原理如图 3-3(b) 所示，其中虚线表示几何厚度为零的内聚力单元。将所有参数写入 INP 文件并输出。相邻晶粒接触面上的内聚力单元表征界面，同相晶粒间的界面为晶界，异相晶粒间的界面为相界，输出的集合如图 3-4 所示。

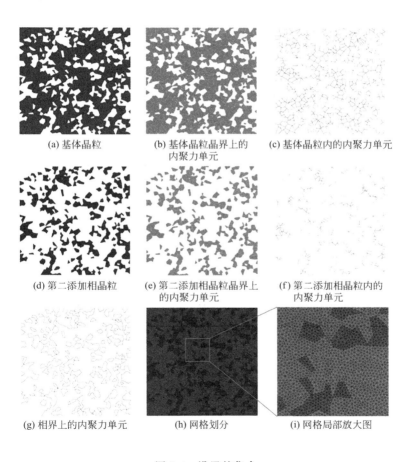

(a) 基体晶粒　　　　(b) 基体晶粒晶界上的　　(c) 基体晶粒内的内聚力单元
　　　　　　　　　　　内聚力单元

(d) 第二添加相晶粒　(e) 第二添加相晶粒晶界上　(f) 第二添加相晶粒内的
　　　　　　　　　　　的内聚力单元　　　　　　内聚力单元

(g) 相界上的内聚力单元　(h) 网格划分　　　(i) 网格局部放大图

图 3-4　设置的集合

3.2.3 晶粒位向及材料各向异性

晶体中原子是按一定空间结构有序排列的。在晶体学中，通过晶体中心的平面叫做晶面，通过原子中心的直线为原子列，其所代表的方向叫做晶向。位向关系，指的就是晶面与晶向在空间上的位置与方向的关系。在微观尺度下，多晶体材料微结构表现为局部不均匀性和各向异性。晶体的几何结构不规则，晶体取向不同是造成多晶体材料微观结构各向异性的原因。

在对材料微观结构建模时，需要确定每个晶粒的 Euler 角（极角 θ、方位角 ψ 和旋转角 φ）的值，目前，晶粒取向的模拟有两种方法：一是测绘实际晶体的极图，根据极图计算晶体取向函数；二是随机产生按一定规律分布的取向值，并赋予一个晶粒。第一种方法多在计算机重构建模中使用，第二种方法多在计算机仿真模拟中使用。

本书为了尽可能精确模拟陶瓷刀具的微观结构，利用 Python 语言编写程序给各晶粒赋予了随机分布的 Euler 角（极角 θ、方位角 ψ 和旋转角 φ），使得所模拟的材料具有了各向异性。在 ABAQUS 软件中显示两晶粒的位向如图 3-5 所示，可以看出，两个晶粒的位向各不相同。

晶粒的各向异性采用第二类 Piola-Kirchhoff 应力张量来描述：

$$\boldsymbol{S}_{ij} = C_{ijkl}\boldsymbol{H}_{kl} \tag{3-1}$$

式中，$\boldsymbol{S}_{ij}$ 为应力；$\boldsymbol{H}_{kl} = \dfrac{1}{2}\ln\boldsymbol{C}$ 为 Henky 应变，$\boldsymbol{C} = \boldsymbol{FF}^{\mathrm{T}}$ 是 right Cauchy-Green 弹性变形张量；C_{ijkl} 为整体坐标系下的弹性各向异性刚度，表示如下：

$$\boldsymbol{C} = \begin{bmatrix} C_{1111} & C_{1122} & C_{1133} & 0 & 0 & 0 \\ & C_{2222} & C_{2233} & 0 & 0 & 0 \\ & & C_{3333} & 0 & 0 & 0 \\ & & & C_{1212} & 0 & 0 \\ & \text{Sym} & & & C_{1313} & 0 \\ & & & & & C_{2323} \end{bmatrix} \qquad (3\text{-}2)$$

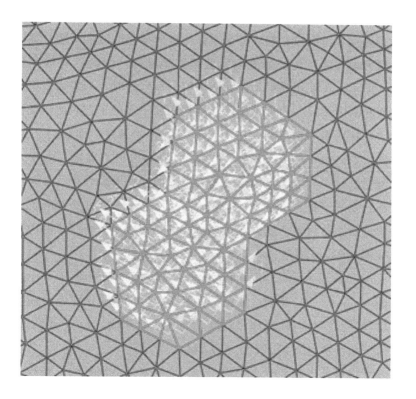

图 3-5　晶粒位向

3.2.4 损伤和断裂准则

内聚力模型作为一种微观现象的假设，通过合理选取模型的参数以及其应力及断裂能的变化规律，能够准确地用来计算材料或结构开裂过程中的宏观力学响应。随着内聚力模型的发展以及针对不同应用条件下的内聚力模型提出改进，内聚力模型的应用范围以及计算的精确度会不断地增加。并且，内聚力单元法直接介于位移构造控制方程，所以单元计算中不需要利用位移场的梯度求解应变，这大大提高了数值模拟的稳定性，使得内聚力法适用于解决多重裂纹、裂纹分叉及固体破碎等强非线性问题，同时内聚力单元能与传统的有限元法很好地结合，因此计算效率较高。但是，在使用内聚力单元法求解断裂问题时，某些数值稳定性问题需要关注。内聚力实际上是物质原子或分子之间的相互作用力，在内聚力区域内，应力是开裂位移的函数，即张力-开裂位移（Traction-Separation）关系，也称为内聚力准则。内聚力模型通过定义裂缝面上的牵引力和接触面张开度的软化关系来描述混合模式下材料的弱化力学行为，即张力-位移曲线的形状和内聚力参数是内聚力模型的重要特征。目前应用较为广泛的内聚力准则如图 3-6 所示。

本书采用 Camacho 和 Ortiz[163] 所提出的双线性 Traction-Separation（T-S）准则，如图 3-7 所示，δ_0 和 δ_f 分别表示损伤萌生和裂纹产生时的界面张开度，T 表示牵引力，D 表示损伤，最大三角形所包含的面积代表断裂能。

考虑载荷方向和垂直于载荷方向变形量的共同影响，裂纹面的张开度定义为[164]：

$$\delta = \sqrt{\langle \delta_n \rangle^2 + \delta_t^2} \qquad (3\text{-}3)$$

式中，δ_n 为载荷方向的界面张开度；δ_t 为垂直于载荷方向的界面张开度。

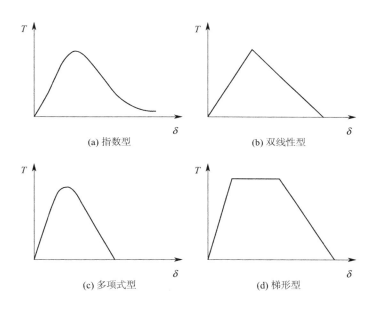

(a) 指数型　　　　　　　　　　　(b) 双线性型

(c) 多项式型　　　　　　　　　　(d) 梯形型

图 3-6　常用的内聚力准则

损伤的萌生根据最大主应力准则来判定：

$$\max\left\{\frac{\langle t_n \rangle}{t_n^0}, \frac{t_t}{t_t^0}\right\} = 1 \tag{3-4}$$

式中，$\langle \rangle$ 为 Macauley 算子；t_n 和 t_t 分别是断裂过程中两个方向的瞬时应力；t_n^0 和 t_t^0 分别是载荷方向和垂直于载荷方向的应力峰值。

内聚力单元的应力比值为 1 表明损伤萌生。损伤演变过程采用基于能量的线性软化法则来描述，由变量 D 来定义，其表达

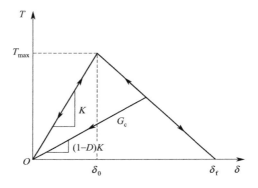

图 3-7 双线性 T-S 准则

式如下：

$$D = \frac{\delta_f(\delta - \delta_0)}{\delta(\delta_f - \delta_0)} \qquad (3\text{-}5)$$

式中，δ 为模型中的瞬时最大表面张开度；D 的取值为 $0 \sim 1$，当 D 为 0 时，材料没有损伤，随着继续加载，D 逐渐增大，当 D 为 1 时，表示两接触表面完全分离，裂纹产生。

因此，出现损伤后，模型输出的应力随着 D 发生变化，其关系式为：

$$t_n = \begin{cases} (1-D)\bar{t}_n & \bar{t}_n \geqslant 0 \\ \bar{t}_n & \text{其他情况} \end{cases} \quad ; \quad t_t = (1-D)\bar{t}_t \quad (3\text{-}6)$$

代表性体积单元的边界条件如图 3-8 所示，限制下边界各节点的 X 和 Y 方向的自由度，在上边界施加一随节点横坐标线性变化的增量位移载荷。

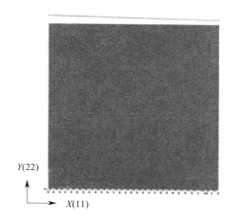

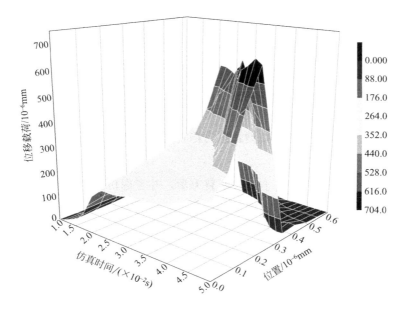

图 3-8　边界条件和动态位移载荷（电子版）

3.3 微观结构有限元模型仿真参数确定　　　<<<

内聚力模型采用双线性牵引-分离响应的本构关系来模拟裂纹的萌生和扩展过程，内聚力单元参数严重影响计算结果的收敛性和可信度。内聚力单元的主要仿真参数包括界面刚度、失效位移和断裂能等，其中只有断裂能可以通过实验或仿真来获得，其他参数都必须进行参数化研究，针对具体计算目的来确定。

3.3.1 内聚力单元刚度

为了准确模拟陶瓷材料的裂纹萌生及扩展过程，需要设置合适的刚度。因为内聚力单元的刚度 K 是在 CZM 中作为惩罚因子来使用的，所以确定其取值范围对研究材料的裂纹扩展行为具有重要意义。理论上，刚度要足够大才不会改变模型的整体刚性，但刚度值太高会使得模型在进行隐性分析时收敛困难，因此需要选择合适的刚度。

Diehl[165,166] 基于经典断裂力学，并考虑仿真稳定性，给出了估算内聚力单元刚度的公式：

$$K = \frac{2G_{\mathrm{c}}}{\delta_0 \delta_{\mathrm{f}}} T_0 = \frac{2G_{\mathrm{c}}}{\delta_{\mathrm{ratio}} \delta_{\mathrm{f}}^2} T_0 \tag{3-7}$$

式中，$\delta_{\mathrm{ratio}} = \delta_0 / \delta_{\mathrm{f}}$，一般小于 0.5；δ_0 是损伤萌生时两界面间的分离量；δ_{f} 为界面连接失效时的分离量；G_{c} 为断裂能；T_0 为内聚力单元的初始本构厚度，通常取为 1.0。

通过变换不同的 δ_0 和 δ_{f}，可以得到不同的 K 值。取 δ_{f} 为

$0.01\mu m$，选取 δ_{ratio} 分别 0.4、0.3、0.2、0.1，则可得到 4 种不同的刚度参数，每个刚度所对应的 T-S 准则如图 3-9 所示。在 3.2 节建立的微观结构有限元分析模型上，施加的载荷如图 3-8 所示，保持其他模拟参数不变，只改变内聚力单元刚度，进行有限元分析计算，得到不同内聚力单元刚度下的应力如图 3-10 所示。

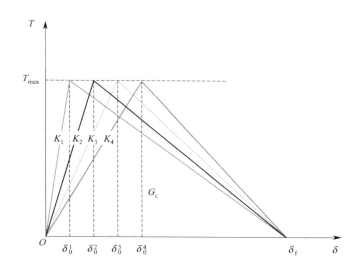

图 3-9 对应不同 K 值的 T-S 准则

图 3-10(a) 为 $\delta_{\text{ratio}} = 0.4$ 的模型在仿真结束时的应力云图，而图 3-10(b)～图 3-10(d) 为对应模型在损伤萌生时的应力云图，S11 为垂直于载荷方向的应力，S22 为平行于载荷方向的应力。可以看出，随着 δ_{ratio} 的减小，内聚力单元的刚度增大，模型内两个方向的应力均呈现出先增大后减小的趋势。在相同的载荷条件下，当达到设定的仿真时长 25 μs 时，$\delta_{\text{ratio}} = 0.4$ 的模型

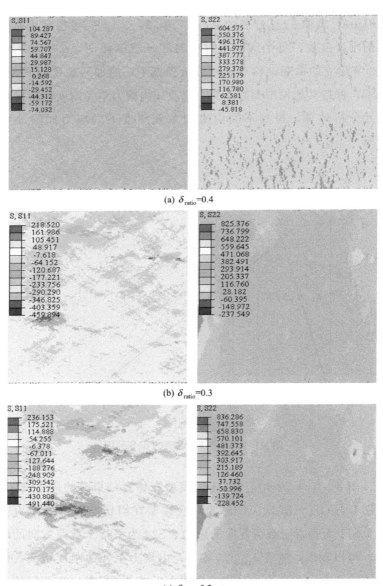

(a) $\delta_{ratio}=0.4$

(b) $\delta_{ratio}=0.3$

(c) $\delta_{ratio}=0.2$

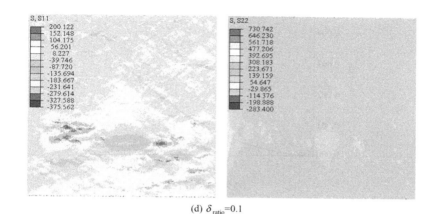

(d) $\delta_{\text{ratio}}=0.1$

图 3-10　不同 δ_{ratio} 下代表性体积单元内的应力云图 （电子版）

仍处于应力振荡状态，应力分布不均匀，损伤 D 为 0.091，表明此时该模型内只出现了损伤，没有产生裂纹，而此时其他模型早已出现裂纹，说明内聚力单元刚度影响模型的柔软度。当 δ_{ratio} 较大时，整个模型表现出较大的塑性，因此为了模拟陶瓷等脆性材料的裂纹扩展，δ_{ratio} 的取值应该小一点，使得内聚力单元刚度尽量大一些。但刚度过大时，微观结构内裂纹萌生及扩展的过程非常缓慢，这也不符合陶瓷刀具材料急剧脆性断裂的特点。从图 3-11(a) 中可以看出，在 $\delta_{\text{ratio}}=0.2$ 时，模型内的应变能峰值最大，随着损伤的萌生及裂纹扩展，模型内的耗散能急剧增大，且最大耗散能小于其他模型 ［图 3-11(b)］，表明该模型具有较强的抗变形和抗破坏能力，与陶瓷刀具材料具有较高的硬度特征相符合。

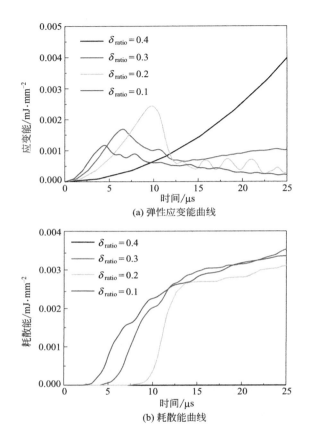

(a) 弹性应变能曲线

(b) 耗散能曲线

图 3-11 弹性应变能和耗散能随时间的变化曲线 （电子版）

3.3.2 晶粒形状

代表性体积单元的尺寸为 $0.0625mm \times 0.0625mm$，采用双线性 T-S 断裂准则和图 3-8 所示的边界条件，保持模型的其他参数不变，只改变晶粒形状，研究了两种微观结构内的裂纹扩展过程，图 3-12(a) 为形状不规则晶粒的裂纹扩展路径，图 3-12(b)

为形状规则晶粒的裂纹扩展路径，蓝绿色为基体相，浅灰色为添加相，设置基体相的抗拉强度高于添加相。从图 3-12（a）和图 3-12（b）可以看出，尽管两个模型的裂纹扩展路径不尽相同，但裂纹均在强度较弱的添加相内萌生，并沿着垂直于载荷的方向

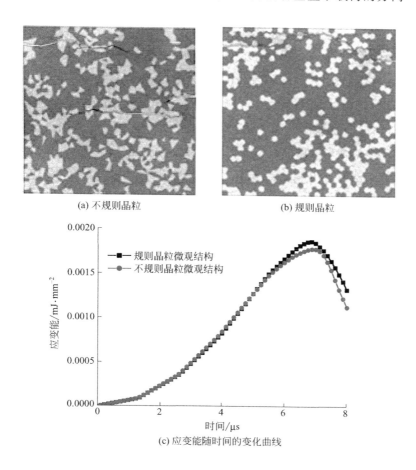

(a) 不规则晶粒　　　　　　　　　　　(b) 规则晶粒

(c) 应变能随时间的变化曲线

图 3-12　两种微观结构的裂纹扩展路径及
应变能随时间的变化曲线（电子版）

扩展，裂纹萌生及扩展过程中应变能的变化基本一致，如图 3-12(c) 所示。规则晶粒的应变能峰值是 $1.86J/m^2$，不规则晶粒的应变能峰值是 $1.77J/m^2$，前者略大于后者，说明不规则晶粒更容易萌生裂纹，更符合陶瓷刀具材料脆性断裂的特点。

3.3.3　模型可靠性验证

根据上述的研究结果设置有限元仿真模型的参数，在 ABAQUS/CAE 处理器的 Job 模块中提交分析并监控分析过程，利用 Visualization 模块来可视化观察分析结果。仿真分析获得的裂纹扩展路径如图 3-13(a) 所示，图 3-13(a) 上为仿真的裂纹穿越晶粒的情形，图 3-13(a) 下为裂纹穿越各组分的情形。采用热压烧结法制备出氧化铝-碳化钛陶瓷刀具材料，进行切割研磨抛光后做出压痕，得到的裂纹扩展路径如图 3-13(b) 所示。两者都有穿晶断裂、沿晶断裂以及裂纹偏折等现象，具有一定的相似性，可见，通过设置合适的仿真参数，所建立的微观结构有限元分析模型能够较好地反映陶瓷材料的断裂损伤过程，能够模拟研究陶瓷刀具材料在外界载荷下的损伤演变行为。与纯试验研究相比，采用仿真的方法不仅能缩短研究周期、节约成本，还能够了解晶粒的晶向、粒径等对裂纹扩展行为的影响，能够为对材料的微观结构进行设计提供依据。

3.3.4　含石墨烯的陶瓷刀具材料有限元分析模型

由于石墨烯是二维的平面结构，因此在上述复相陶瓷模型的基础上［图 3-14(a) 所示］，按输入的比例参数随机选择部分界面上的内聚力单元建立集合，赋予石墨烯的力学性能来表征石墨烯，建立起含石墨烯的复相陶瓷刀具材料有限元分析模型，如

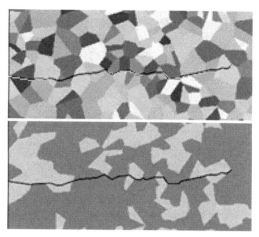

(a) 仿真的裂纹路径

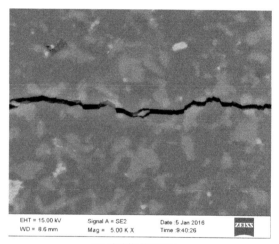

(b) 试验的裂纹路径

图 3-13　仿真和试验的裂纹路径对比

图 3-14（b）所示，红色线条代表石墨烯，用石墨烯界面占总界面的长度百分数来表征石墨烯含量。

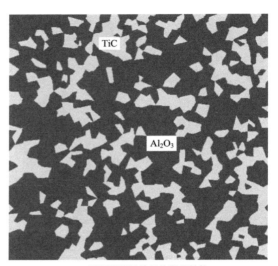

(a) 配置材料特性后的微观结构

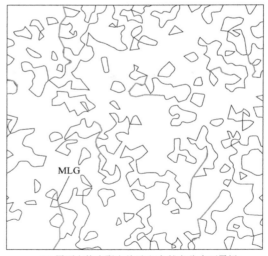

(b) 界面上的内聚力单元(红色线条代表石墨烯)

图 3-14 含石墨烯的微观结构有限元模型 （电子版）

3.4 基于微观结构有限元模型的性能预报模型 ‹‹‹

3.4.1 基于数值的均匀化方法简介

多尺度连续介质法是将小尺度上的参量信息单方向传递到更大尺度来获得材料宏观的等效参数，属于自底向上模式。常见的代表理论有自洽方法[167]、广义自洽方法[168,169]、Mori-Tanaka 方法[170] 和均匀化方法[171,172]。基于数值的均匀化方法是分别建立对象的宏观和微观有限元分析模型，如图 3-15 所示，利用微观结构的有限元分析模型，进行微观损伤演化的模拟，并对微观应力、应变场进行耦合分析计算，得到均匀化的材料常数等信息，利用这些信息建立整体的模型，计算过程如下。

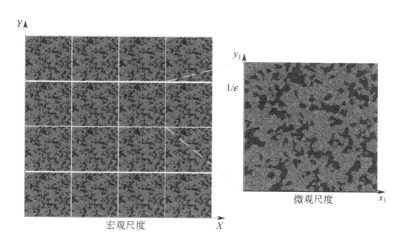

图 3-15　宏、微观连接示意图

对于可认为是宏观上均匀微观上异质的材料，根据渐进分析理论，最终的响应可以分成两部分：

$$u_i(x,y) = u_i^0(x) + \varepsilon u_i^l(x,y) \tag{3-8}$$

式中，$u_i^0(x)$ 是宏观尺度的响应；$\varepsilon u_i^l(x,y)$ 是微观尺度的响应，为一微小量；ε 是微观结构的典型尺寸，$x=(x_1,x_2,x_3)$ 为宏观尺度的坐标，$y=x/\varepsilon$ 是微观尺度的坐标。$u_i^0(x)$ 根据下式确定：

$$\begin{cases} (\widetilde{\boldsymbol{D}}_{ijkl} u_{(k,j)}^0)_j = f_i, \text{在 } \Omega \text{ 内} \\ u_i^0 = \bar{u}_i, \text{在 } \Gamma_u \text{ 上} \\ (\widetilde{\boldsymbol{D}}_{ijkl} u_{(k,j)}^0) n_j = t_i, \text{在 } \Gamma_i \text{ 上} \end{cases} \tag{3-9}$$

式中，$\widetilde{\boldsymbol{D}}_{ijkl}$ 是平均化的宏观材料本构张量。

$$\widetilde{\boldsymbol{D}}_{ijkl} = \frac{1}{\theta_r} \int_\theta (\delta_{im}\delta_{jn} + h_{(i,j)mn}) \times \boldsymbol{D}_{ijkl}(\delta_{kp}\delta_{lq} + h_{(k,l)pq}) \mathrm{d}\theta \tag{3-10}$$

式中，$\boldsymbol{D}_{ijkl}$ 是细观本构张量；θ 是微观结构；h_{ijkl} 由微观结构的材料场确定，其不仅要满足微分方程，还要满足周期性的边界条件。

$$u_i^l(x,y) = h_{ikl}(y)\varepsilon_{kl}^0(x) \tag{3-11}$$

式中，$\varepsilon_{kl}^0(x) = u_{kj}^0$ 为宏观位移的梯度。

微观应变张量为：

$$\varepsilon_{ij} = (\delta_{ik}\delta_{jl} + h_{(i,j)kl})\varepsilon_{kl}^0 \tag{3-12}$$

可见，基于数值的均匀化方法能够进行各尺度间的有效关联，实现数据信息的双向传递。

3.4.2 性能预报模型中宏、微观参数的关联

陶瓷刀具材料在宏观尺度下可看作均质的材料，在微观尺度

下则有明显的非均质性，因此具有多尺度的特征。本书从宏观材料的不同区域提取代表性体积单元（RVE），研究其在特定边界条件下的应力-应变响应，并采用均匀化方法确定非均质材料的宏观等效性能，建立了陶瓷刀具材料力学性能预报模型。

　　利用三点弯曲试验可以测定材料的抗弯强度，研究试样的断面可以分析材料的断裂行为，因此材料性能预报模型的宏观仿真是采用扩展有限元法（XFEM）来模拟材料的三点弯曲试验，提取裂尖处的应力和位移值，作为微观结构模型的输入量。三点弯曲模型如图 3-16 所示，模型采用梯度网格，在中间断裂区网格较密，两端网格较粗，粗细网格连接处采用过渡网格，最小网格边长为 0.0625mm，代表性体积单元的尺寸为 0.0625mm × 0.0625mm，即一个代表性体积单元对应一个最小网格。

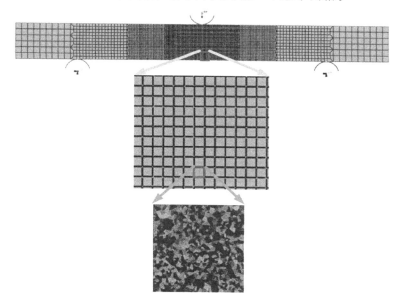

图 3-16　宏、微观模型间的关联

宏观仿真施加线性位移载荷，加载率为 0.5mm/min，施加位置在试样上表面的中间。微观仿真采用内聚力单元法，研究在宏观仿真传递来的载荷条件下，代表性体积单元内的裂纹萌生及扩展过程，得到微观模型的平均应力作为宏观模型对应位置处的应力，取宏观模型不同位置处的位移作为微观结构的载荷，从而可以建立应力随坐标的变化关系。宏观尺度和微观尺度的连接参数是位移和应力。

为了进行对比，本书分别建立了含裂纹和不含裂纹的三点弯曲试样宏观模型，模拟它们在相同的边界条件和位移载荷下的应力和位移分布。试样内的应力和位移分布见图 3-17。根据

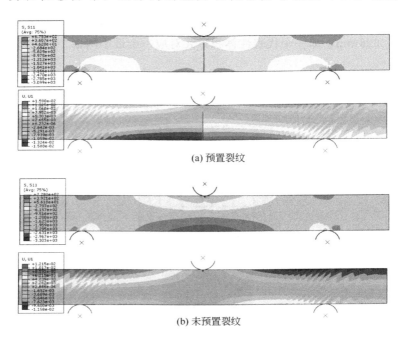

(a) 预置裂纹

(b) 未预置裂纹

图 3-17　宏观仿真的应力和位移云图

图 3-17(b) 可看出未预置裂纹的三点弯曲试样断裂仿真更接近
试验过程，因此宏观仿真采用未预置裂纹的模型，先进行宏观模
型的三点弯曲模拟，提取裂纹萌生处的应力和位移作为微观结构
有限元模型的输入，模拟代表性体积单元在该载荷下的断裂损伤
行为。图 3-18 为在宏观模型传递过来的应力及位移载荷作用下，
微观模型的外部功、应变能和损伤耗散能随时间的变化曲线，从
仿真开始到 $5\mu s$，外部功和应变能均逐渐增大，两条曲线基本重
合，表明在这一时间段内，外部功全部转化为应变能，此时材料
未出现损伤；从 $5\sim6.25\mu s$，应变能增速减缓，损伤耗散能开始
增加，表明材料内部开始产生损伤，在 $6.25\mu s$，应变能达到最
大值，之后急剧降低，损伤耗散能快速增加，表明在 $6.25\mu s$ 时
裂纹正式萌生，即应变能达到峰值时表征裂纹萌生。随着裂纹的

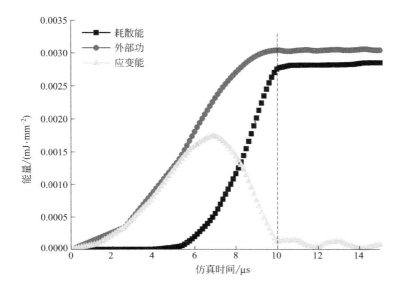

图 3-18　外部功、应变能和损伤耗散能随时间的变化曲线

扩展，应变能被释放，转化为损伤耗散能，当应变能降低到极小值时（虚线所示位置），损伤耗散能增加到最大，在之后趋于平稳，此时微观模型内的平行于载荷方向的最大应力急剧下降，表明材料的承载能力急剧降低，即代表性体积单元内出现明显的断裂，选取应变能达到极小值点时模型的平均应力作为传递到宏观模型的参量。

从仿真的载荷方向的应力（S22）云图（图 3-19）可以看

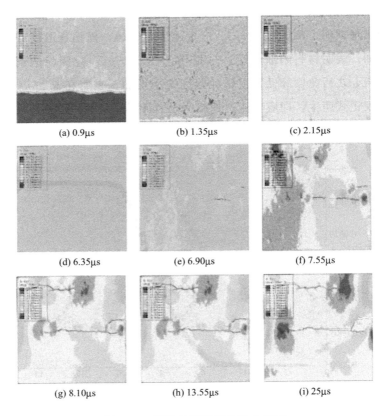

(a) 0.9μs   (b) 1.35μs   (c) 2.15μs

(d) 6.35μs   (e) 6.90μs   (f) 7.55μs

(g) 8.10μs   (h) 13.55μs   (i) 25μs

图 3-19   裂纹扩展过程的应力云图

出，S22 平行于载荷方向传递，应力波在代表性体积单元内振荡，随着仿真时间的进行，模型内的应力逐渐增大并趋向于均匀，随着载荷的增加，某些位置的应力增大，但微裂纹并不在该处萌生，而是出现在应力达到其破坏极限的位置。微裂纹萌生后迅速扩展，裂尖处的应力保持最大，多条微裂纹连通形成横贯代表性体积单元的大裂纹。整个微观结构内裂纹的扩展形式不尽相同，有的沿垂直于载荷方向扩展，有的在裂纹尖端闭合。微裂纹萌生处的 S22 低于该时刻整个结构上的最大应力，表明该处承受破坏的能力最弱，这与结构敏感性说法是一致的。当裂纹萌生后，随着裂纹的扩展，代表性体积单元内的应变能被释放，仿真产生的最大应力逐渐降低，表明材料的承载能力在下降。从裂纹扩展过程也可以看出该微观模型能够模拟陶瓷刀具材料的断裂行为。

3.4.3　断裂韧性的预测模型及影响因素

从宏观模型的裂纹扩展路径上提取连续位置单元格积分点处的应变，分别作为微观模型的边界条件，模拟该条件下代表性体积单元的裂纹扩展过程，提取裂纹面上垂直于裂纹方向的张开位移 u，与从宏观单元上读出的裂尖前方该积分点的极坐标值建立关联，裂纹前端每一积分点上的应力强度因子可由式（3-13）计算出来，构造出数据对（r_i，K_{Ii}），利用位移外推法计算裂尖处的应力强度因子，即得到材料的断裂韧性。

$$K_{Ii} = \frac{2Gu_i}{3-4\nu+1}\sqrt{\frac{2\pi}{r_i}} \tag{3-13}$$

式中，G 为材料剪切模量；ν 为泊松比；r_i 为对应的积分点到裂尖的极半径；u_i 为裂纹面上垂直于裂纹扩展方向的张开位移。

基于上述计算断裂韧性的方法，下面分别研究了基体相抗拉强度、组分体积分数、晶粒平均粒径和石墨烯含量对陶瓷刀具材料断裂韧性的影响。

3.4.3.1 组分体积分数对断裂韧性的影响

基于所建立的含石墨烯的陶瓷刀具材料有限元分析模型，设置组分为氧化铝、碳化钛和石墨烯，其中石墨烯的含量为20%，边界条件如图3-8所示，保持各相材料的仿真参数不变，只改变添加相材料的体积分数，仿真计算陶瓷刀具材料的断裂韧性，研究断裂韧性随添加相碳化钛体积分数变化的规律。添加相碳化钛的体积分数分别为15%、20%、25%、30%、35%。裂纹扩展时，各微观结构的耗散能随时间变化的曲线如图3-20所示。

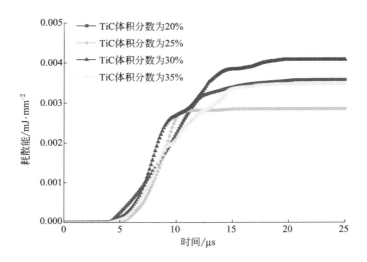

图 3-20　耗散能随时间变化的曲线（电子版）

从图 3-20 可以看出，初始时，耗散能为零，表明此时裂纹未萌生，在给定的外载荷下，随着时间的增加，裂纹开始萌生，此时耗散能迅速增大，当增大到一定程度时，耗散能保持不变。在所有的微观结构中，碳化钛的体积分数等于 30％时，耗散能最大，最大值为 0.0043mJ·mm^{-2}，表明该微观结构抗裂纹扩展的能力最强。

不同碳化钛含量的陶瓷刀具材料代表性体积单元内的裂纹扩展路径如图 3-21 所示。从左到右分别是代表性体积单元在裂纹扩展时的应力云图、组分图和晶粒图，在组分图中，绿色是氧化铝，浅灰色是碳化钛。可以看出，裂纹在多处萌生，在扩展过程中，有的裂纹会闭合，有的裂纹会增大，直至成为横贯代表性体积单元的大裂纹。随着碳化钛含量的增加，裂纹的曲折度增大，因此其对应的耗散能增大。但碳化钛含量在 35％时，裂纹靠近代表性体积单元的边缘，耗散能也减小了。

本书的仿真结果与文献［173］的试验结果对比如图 3-22 所示，可以看出，两者有相同的变化趋势，即随着碳化钛体积分数的增大，断裂韧性先增大后减小。在添加相碳化钛体积分数为 30％时，达到最大，仿真结果为 7.39MPa·m$^{1/2}$，试验值为 4.96MPa·m$^{1/2}$，仿真值高于试验值，这是由于仿真模型中含有石墨烯组分，并且未考虑材料缺陷的影响。

3.4.3.2 基体相强度对断裂韧性的影响

基于所建立的含石墨烯陶瓷刀具材料有限元分析模型，设置组分材料为氧化铝、碳化钛和石墨烯，其中石墨烯的含量取为 20％，氧化铝和碳化钛的体积分数比为 7∶3，边界条件如图 3-8 所示。保持添加相碳化钛的参数不变，只改变基体相氧化铝的抗

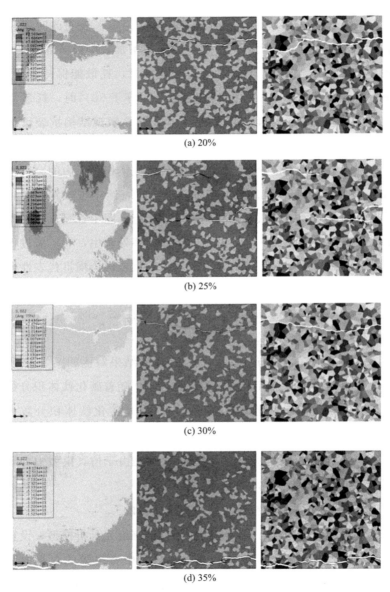

图 3-21　不同碳化钛含量的微观结构的仿真裂纹（电子版）

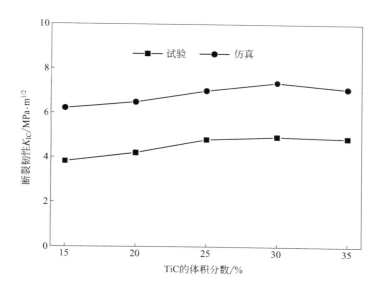

图 3-22　断裂韧性随碳化钛体积分数的变化曲线

拉强度值，分别仿真不同强度下代表性体积单元内的裂纹萌生及扩展过程，断裂韧性随基体相抗拉强度的变化如图 3-23 所示。随着基体相氧化铝强度的提高，材料的断裂韧性也随之增大，在基体相强度从 300MPa 增大至 350MPa 时，断裂韧性增大较快，但从 350MPa 增大至 450MPa 时，断裂韧性增幅减缓，这是由于该强度值比添加相碳化钛的强度大得多，碳化钛的影响增大，所以限制了材料整体断裂韧性的增加。

3.4.3.3　添加相强度对断裂韧性的影响

基于所建立的含石墨烯的陶瓷材料有限元分析模型，设置氧化铝为基体，碳化钛或硼化钛为第二添加相，石墨烯为第三添加相，其中石墨烯的含量为 20%，氧化铝和第二添加相的体积分

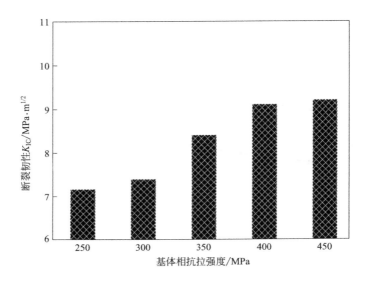

图 3-23 断裂韧性随基体相抗拉强度的变化

数比为 7：3，氧化铝的强度值为 350MPa，边界条件如图 3-8 所
示。保持氧化铝的仿真参数不变，仿真计算陶瓷刀具材料的断裂
韧性，研究添加相的抗拉强度对断裂韧性的影响，仿真结果见
表 3-1。由于仿真的微观结构未考虑气孔、微裂纹的影响，仿真
结果高于试验值。可以看出，添加相的抗拉强度增大，材料的断
裂韧性也随之增大。

表 3-1　断裂韧性 K_{IC} 　　　　　MPa・m$^{1/2}$

组分	仿真结果	试验结果
Al_2O_3-TiC	7.39	4.96[113]
Al_2O_3-TiB$_2$	9.51	5.2[174]

　　虽然微观结构和外载荷相同，但因添加相性能不同，不同代表性体积单元内裂纹的萌生时间及扩展路径也不相同，如图 3-24 所示。氧化铝-碳化钛陶瓷刀具材料在 $11.6\mu s$ 时开始萌生裂纹，裂纹主要在碳化钛相中扩展，而氧化铝-硼化钛陶瓷刀具材料的裂纹萌生时间为 $14.5\mu s$，裂纹主要在氧化铝相中扩展，

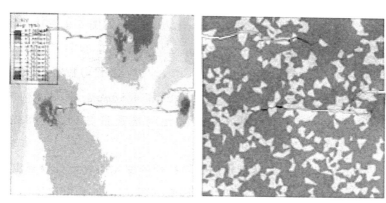

(a) 氧化铝-碳化钛

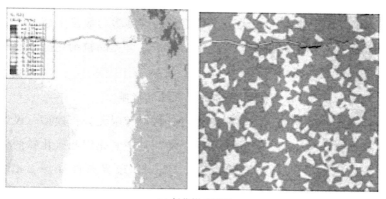

(b) 氧化铝-硼化钛

图 3-24　添加相强度对裂纹扩展路径的影响

可见，虽然扩展路径不同，但两者都是主要在强度较低的相中扩展，可见只增大添加相的强度对材料断裂韧性的提高作用有限。

3.4.3.4 晶粒平均直径对断裂韧性的影响

基于所建立的含石墨烯陶瓷刀具材料有限元分析模型，设置氧化铝为基体，碳化钛为第二添加相，石墨烯为第三添加相，其中石墨烯的含量取为 20%，氧化铝和碳化钛的体积分数比为 7：3，氧化铝的强度值为 350MPa，边界条件如图 3-8 所示。代表性体积单元的大小为 $0.0625\text{mm} \times 0.0625\text{mm}$，设置晶粒个数分别为 1000、800、600、400 和 200，对应的平均粒径分别为 $2.23\mu m$、$2.49\mu m$、$2.88\mu m$、$3.15\mu m$ 和 $4.98\mu m$，微观结构的形状如图 3-25 所示，划分的有限元网格数量分别为 46837、37358、28175、18826、9319。

图 3-26 为材料断裂韧性随平均粒径的变化曲线，可以看出，晶粒平均粒径对材料断裂韧性的影响非常大。在平均粒径小于 $2.88\mu m$ 时，裂纹扩展路径上的穿晶断裂多于沿晶断裂，当平均粒径增大后，裂纹扩展路径上的沿晶断裂增多，数量上超过了穿晶断裂。穿晶断裂需要消耗更多的能量，可见晶粒细化能够使材料抵抗断裂的能力增强。

3.4.3.5 石墨烯含量对断裂韧性的影响

基于所建立的含石墨烯陶瓷刀具材料有限元分析模型，设置组分材料为氧化铝、碳化钛和石墨烯，其中氧化铝和碳化钛的体积分数比为 7：3，平均粒径为 $2.23\mu m$，边界条件如图 3-8 所示。改变石墨烯界面占总界面的百分数，模拟石墨烯含量对断裂韧性的影响，结果如图 3-27 所示。随着石墨烯含量的增加，材料的断裂韧性呈增大趋势。但当石墨烯界面占总界面的百分比大

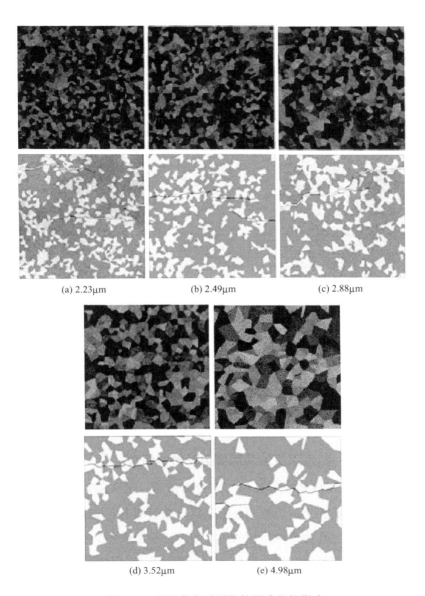

(a) 2.23μm　　　　(b) 2.49μm　　　　(c) 2.88μm

(d) 3.52μm　　　　(e) 4.98μm

图 3-25　平均粒径对裂纹扩展路径的影响

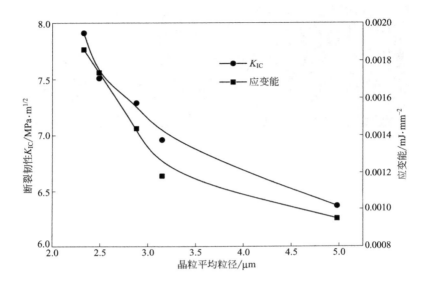

图 3-26 断裂韧性随平均粒径的变化曲线

于 15% 后，断裂韧性的增势减缓。仿真结果表明添加石墨烯有助于提高材料的断裂韧性，考虑到石墨烯的成本及团聚特性，取石墨烯含量的最优百分数为 15%。

3.4.4 抗弯强度的预测模型及影响因素

利用 XFEM 模拟宏观的三点弯曲试验，试样不设置初始裂纹，将宏观材料上应力集中处的位移以映射的方式施加到微观结构的边界上，作为微观结构的边界条件，模拟微观结构在该载荷下的裂纹扩展形态，提取材料开裂方向的最大应力值作为材料抵抗开裂的最大应力，即为材料的拉伸强度，根据相同尺寸下抗弯强度和拉伸强度的关系 [式(3-14)][175]，计算出宏观材料的抗

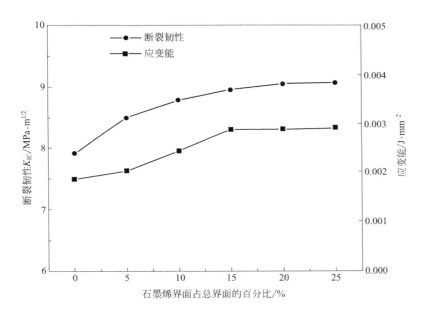

图 3-27　断裂韧性随石墨烯含量的变化

弯强度：

$$\frac{\sigma_t}{\sigma_f} = \left[\frac{1}{2(m+1)^2}\right]^{1/m} \tag{3-14}$$

式中，m 为 Weibull 模数，热压烧结的陶瓷刀具材料的 m 值一般大于 10，m 值越大，拉伸强度和抗弯强度越接近，但拉伸强度始终小于抗弯强度。取 $m=100$ 时，拉伸强度为抗弯强度的 0.905 倍。

3.4.4.1　组分体积分数对抗弯强度的影响

基于所建立的含石墨烯陶瓷刀具材料有限元分析模型，设置组分材料为氧化铝、碳化钛和石墨烯，其中石墨烯的含量取为

20％，边界条件如图 3-8 所示，保持各相材料的其他仿真参数不变，只改变添加相碳化钛的体积分数，仿真计算陶瓷刀具材料的抗弯强度，研究碳化钛的含量对抗弯强度的影响。建立碳化钛的体积分数分别为 15％、20％、25％、30％、35％ 的模型。裂纹扩展时，各微观结构的应变能随时间变化的曲线如图 3-28 所示。所模拟的代表性体积单元内的裂纹扩展路径如图 3-29 所示。

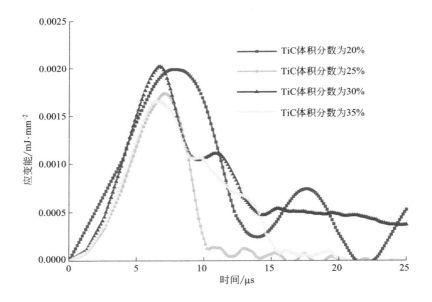

图 3-28　应变能随时间变化曲线（电子版）

可以看出，当碳化钛的体积分数小于等于 30％ 时，应变能达到峰值的时间近似，随着碳化钛的体积分数的增多，应变能峰值越大，在 30％ 时达到最大。当碳化钛的体积分数在 35％ 时，裂纹萌生所需的时间增长，但应变能峰值减小。

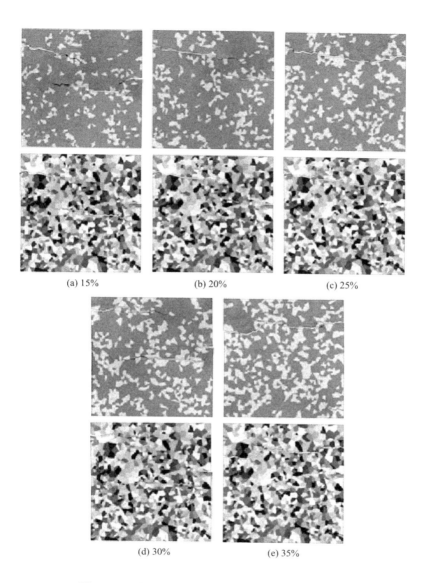

(a) 15%　　　　　　　(b) 20%　　　　　　　(c) 25%

(d) 30%　　　　　　　(e) 35%

图 3-29　不同碳化钛体积分数对应的裂纹扩展路径

从图 3-29 可以看出，在不同碳化钛体积分数下，代表性体积单元内的裂纹扩展形态各异，裂纹主要在强度较弱的碳化钛相内萌生，沿着垂直于载荷的方向扩展，在碳化钛的含量较低时，观察裂纹路径可以发现，穿晶断裂多出现在碳化钛相中，沿晶断裂多出现在氧化铝相，穿晶断裂需要消耗的能量更大，但因碳化钛的体积分数少，所以代表性体积单元内以沿晶断裂为主，宏观材料的抗弯强度低；随着碳化钛体积分数的增大，裂纹中的穿晶断裂增多，所需要的断裂能增多，使得陶瓷刀具材料的抗弯强度提升；随着碳化钛体积分数的继续增大，裂纹路径变得曲折，表明沿晶断裂增多，此时陶瓷材料的抗弯强度减小，这是因为当碳化钛体积分数增加到一定值，其团聚严重，从而影响了碳化钛作用的发挥，进而影响了材料的性能。氧化铝-碳化钛陶瓷刀具材料的抗弯强度随碳化钛体积分数的变化曲线如图 3-30 所示，仿

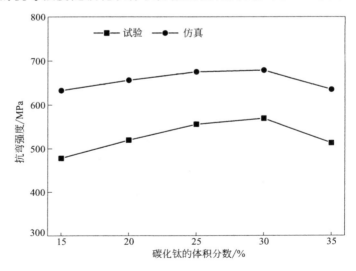

图 3-30　抗弯强度与碳化钛体积分数的关系

真结果与试验结果[118] 基本一致，即在碳化钛的体积分数为
30%时，材料具有最高的抗弯强度。

3.4.4.2　添加相强度对抗弯强度的影响

基于所建立的含石墨烯陶瓷刀具材料有限元分析模型，设置
氧化铝为基体，碳化钛为第二添加相，石墨烯为第三添加相，其
中石墨烯的含量取为 20%，氧化铝和碳化钛的体积分数比为
7：3，平均粒径为 2.23μm，边界条件如图 3-8 所示。氧化铝的
抗拉强度取为 350MPa，保持其他参数不变，研究碳化钛的抗拉
强度对宏观材料强度的影响。分别取碳化钛的强度为 258MPa、
300MPa、350MPa、400MPa 和 450MPa 进行裂纹扩展模拟，结
果如图 3-31 所示，随着碳化钛强度的增大，材料的抗弯强度先
增大，在碳化钛强度为 400MPa 时达到最大值，然后开始降低，

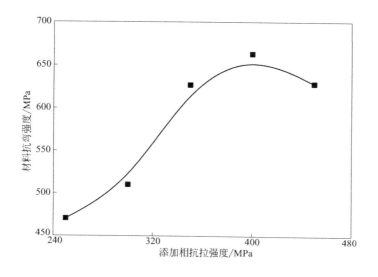

图 3-31　添加相抗拉强度对材料抗弯强度的影响

可见，只有适当提高添加相的强度，才能提高宏观陶瓷刀具材料的抗弯强度。

3.4.4.3 基体相强度对抗弯强度的影响

基于所建立的含石墨烯陶瓷刀具材料有限元分析模型，设置组分材料为氧化铝、碳化钛和石墨烯，其中氧化铝和碳化钛的体积分数比为 7∶3，平均粒径为 2.23μm，边界条件如图 3-8 所示。改变石墨烯界面占总界面的百分数，模拟不同石墨烯含量对断裂韧性的影响。保持其他仿真条件不变，设置基体相强度分别为 250MPa、300MPa、350MPa 和 400MPa，计算对应的材料抗弯强度的变化，研究基体相强度对抗弯强度的影响。不同基体相强度下的裂纹扩展路径如图 3-32 所示。在基体相强度较低时，

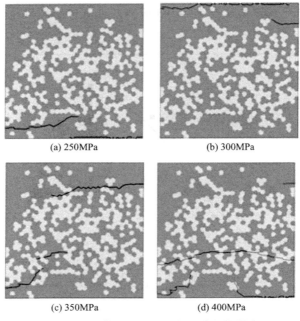

(a) 250MPa (b) 300MPa

(c) 350MPa (d) 400MPa

图 3-32　基体强度对裂纹扩展路径的影响

裂纹主要在基体相上扩展，在扩展路径上绕过添加相颗粒；随着基体相强度的增大，裂纹开始贯穿添加相颗粒；当基体相强度大于添加相强度时，裂纹主要位于添加相颗粒上。基体相强度变化对陶瓷刀具的材料抗弯强度、断裂过程释放的应变能和裂纹萌生时间的影响如图 3-33 所示。

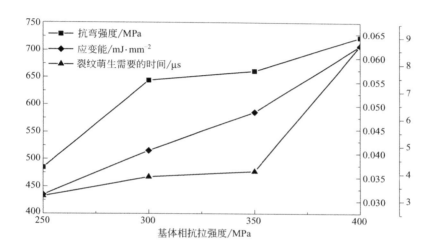

图 3-33　基体强度对材料抗弯强度、应变能和裂纹萌生时间的影响

　　随着基体相强度的增大，材料抗弯强度增大，材料体内能够储存的应变能增大，裂纹萌生需要的时间越来越长，这些都表明材料抗破坏能力增强，可见，增大基体抗拉相强度能够有效地提高陶瓷刀具材料的抗弯强度。

3.4.4.4　晶粒平均粒径对抗弯强度的影响

　　基于所建立的含石墨烯陶瓷刀具材料有限元分析模型，设置氧化铝为基体、碳化钛为第二添加相，石墨烯为第三添加相，其中石墨烯的含量取为 20%，氧化铝和碳化钛的体积分数比为

7∶3，氧化铝的强度值为 350MPa，边界条件如图 3-8 所示。代表性体积单元的大小为 0.0625mm×0.0625mm，设置晶粒个数分别为 1000、800、600、400 和 200，对应的晶粒平均直径分别为 2.23μm、2.49μm、2.88μm、3.15μm 和 4.98μm，划分的有限元网格数分别为 46837、37358、28175、18826、9319。图 3-34 为不同晶粒平均粒径下代表性体积单元内的裂纹扩展路径，在粒径较小时，微观结构内出现了多条裂纹，相互之间没有桥接，随着平均粒径的增大，裂纹开始连接，当平均粒径在 3.52～4.98μm 时，模型中出现一条横贯代表性体积单元的大裂纹。

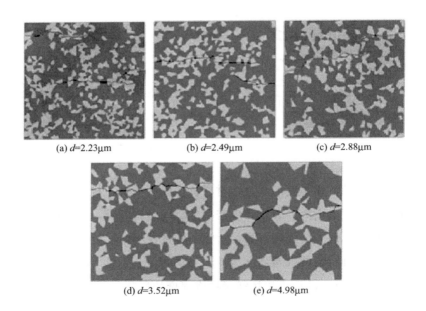

(a) *d*=2.23μm   (b) *d*=2.49μm   (c) *d*=2.88μm

(d) *d*=3.52μm   (e) *d*=4.98μm

图 3-34　不同晶粒平均粒径对应的裂纹形貌

从图 3-34 可以看出，当晶粒平均粒径较小时，裂纹比较分散，对材料整体的破坏能力较弱，随着晶粒平均粒径的增大，裂纹集中在某一位置萌生并扩展，形成横贯代表性体积单元的大裂纹，大大地削弱了材料抵抗破坏的能力，引起材料的抗弯强度减小。图 3-35 为抗弯强度随晶粒平均粒径的变化曲线，可以看出，晶粒对抗弯强度的影响非常大，平均粒径越大，抗弯强度越小。

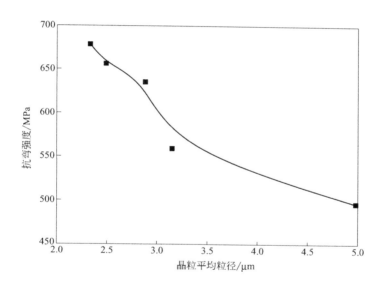

图 3-35 抗弯强度随晶粒平均粒径的变化曲线

3.4.4.5 石墨烯含量对抗弯强度的影响

基于所建立的含石墨烯陶瓷刀具材料有限元分析模型，设置组分材料为氧化铝、碳化钛和石墨烯，其中氧化铝和碳化钛的体积分数比为 7：3，平均粒径为 $2.23\mu m$，边界条件如图 3-8 所示。改变石墨烯界面占总界面的百分数，模拟不同石墨烯含量对抗弯强度的影响，结果如图 3-36 所示。材料的抗弯强度随石墨烯含量的增加先快速增大后保持恒定，在石墨烯界面占总界面的 15％时达到峰值。仿真结果表明添加石墨烯有助于提高材料的抗弯强度，考虑到石墨烯的成本及团聚特性，取石墨烯含量的最优百分数为 15％。

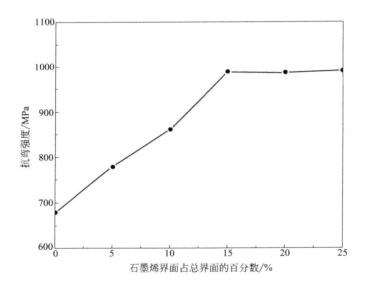

图 3-36　石墨烯含量对抗弯强度的影响曲线

本章小结

（1）采用 Voronoi 镶嵌来表征陶瓷刀具材料的晶粒，基于内聚力单元法（CZM），建立了陶瓷刀具材料微观结构的参数化有限元分析模型，确定了模型参数。对比模拟出的裂纹扩展路径与试验结果，证明该有限元分析模型可较好地模拟陶瓷刀具材料的断裂损伤过程，在此基础上建立了含石墨烯的微观结构有限元分析模型。

（2）建立了基于微观结构有限元分析模型的材料抗弯强度和断裂韧性的预报模型。根据宏观性能的预报结果可知，单一提高基体相或添加相的抗拉强度对陶瓷刀具材料的断裂韧性和抗弯强度的提高作用有限。晶粒粒径主要影响断裂模式，粒径越大，沿晶断裂越多，材料的断裂韧性和抗弯强度降低，这说明界面的面积影响着材料的性能。

（3）石墨烯界面占总界面比值大于等于 15% 时，材料的强韧化效果明显，对氧化铝-碳化钛陶瓷，其氧化铝和碳化钛的体积分数比为 7:3 时，材料宏观力学性能最好，这为后续材料的设计开发提供了理论指导。

第 4 章

石墨烯强韧化复相陶瓷刀具材料制备及力学性能

根据第 3 章的研究结果，采用热压烧结工艺制备了石墨烯强韧化氧化铝-碳化钛复相陶瓷刀具材料，结合其力学性能测试结果和微观结构分析，揭示了石墨烯的增韧补强机理。

4.1 刀具材料制备

4.1.1 原材料概述

石墨烯强韧化氧化铝-碳化钛复相陶瓷刀具材料通过热压烧结工艺制备，主要原料为氧化铝、碳化钛和石墨烯，其物理性能及生产厂家见表 4-1。根据第 3 章的材料性能预报结果，取氧化铝和石墨烯的体积分数比为 7：3，石墨烯添加量控制在质量分数 0.5% 之内。

表 4-1　陶瓷粉料的物理性能

粉料	粒径/μm	密度/g·cm^{-2}	纯度/%	生产厂家
α-氧化铝	0.5	3.98	>99.9	上海超威
碳化钛	0.5	4.92	>99.9	上海超威
石墨烯	4～10	0.25		南京先丰纳米

配料时添加少量的氧化镁（MgO）作为烧结助剂，MgO由北京北化精细化工有限公司购得。为了提高石墨烯的分散性能，减少其在陶瓷基体中的团聚，选用聚乙烯吡咯烷酮（Polyvinyl Pyrrolidone，PVP）作为分散剂，PVP 从上海攻碧克购得。

4.1.2　材料相容性判定

陶瓷材料烧结时，温度可达 1700℃，因此需要进行热力学计算，判断各相之间在烧结温度范围内可否发生化学反应，来预估各组分的相容性，以改进材料组分与烧结工艺参数，同时确保刀具材料各相与工件材料各组分的化学相容性。通常采用吉布斯自由能函数法进行分析，吉布斯自由能函数法是当今国际通用的简化方法之一，该方法根据热力学计算的经典方法导出，且未做任何假设，因此所得结果与经典计算方法相同。查阅热力学手册[176]，分析可能发生的化学反应，根据式(4-1)计算吉布斯自由能，表 4-2 所示为材料组分的热力学计算结果（800～1900K）。可以看出，在 1900K 范围内，拟定的组分之间具有良好的化学相容性，不发生化学反应。

$$\Delta G_T^{\theta} = \Delta H_{T_0}^{\theta} - T \Delta \phi_T \qquad (4-1)$$

式中，ΔG_T^{θ} 为标准反应的自由能，J；T 为热力学温度，K；T_{θ} 为参考温度，K；$\Delta H_{T_0}^{\theta}$ 为该化学反应在 T_{θ} 时的标准反应热效应，J；$\Delta \phi_T$ 为反应吉布斯自由能函数。

表 4-2　可能发生的化学反应及吉布斯自由能计算结果

序号	可能发生的反应	ΔG_{800}^{θ} /J·mol^{-1}	ΔG_{1100}^{θ} /J·mol^{-1}	ΔG_{1500}^{θ} /J·mol^{-1}	ΔG_{1900}^{θ} /J·mol^{-1}	反应
1	$Al_2O_3 + TiC =\!=\!= Al_2O + TiO + CO$	1150701	973621	751450	535491	否
2	$2Al_2O_3 + 3C =\!=\!= 4Al_2 + 3CO_2$	5137747	5057458	4963783	4902466	否
3	$2MgO + C =\!=\!= 2Mg + CO_2$	630371	580785	717797	553544	否
4	$MgO + C =\!=\!= Mg + CO$	362487	335215	407490	159883	否

设计新刀具材料时，不仅要分析刀具材料各组分的相容性，还要考虑刀具材料与工件材料是否匹配。淬硬 42CrMo 钢的主要成分如表 4-3 所示，其主要成分为铁元素，除此之外，还含有少量的 C、Si、Mn、S、P、Cr、Ni 和 Mo 元素。

表 4-3　42CrMo 钢主要成分（质量分数）　　　%

Fe	C	Si	Mn	S
余量	0.38~0.45	0.17~0.37	0.50~0.80	≤0.035

P	Cr	Ni	Mo
≤0.035	0.90~1.20	≤0.30	0.15~0.25

表 4-4 是刀具材料和工件材料中的各元素的热力学性能计算结果，可以看出，拟设计的石墨烯强韧化陶瓷刀具材料各组分与工件材料各元素均不发生化学反应，即刀具和工件在热化学方面是匹配的，因此该材料体系可以用于加工淬硬钢材料。

表 4-4　刀具材料与工件材料中各元素的热力学计算结果（1100K）

刀具组分	工件材料中的元素						
	Fe	C	Si	Mn	Cr	Ni	Mo
Al_2O_3	×	×	×	×	×	×	×
TiC	×	×	×	×	×	×	×
C	×	×	×	×	×	×	×
MgO	×	×	×	×	×	×	×

注：×表示不发生反应。

4.1.3　石墨烯的分散

　　由于石墨烯为片状结构，且各层间有范德华力相互作用，因此容易发生团聚现象，使用超声振动很难将其分离，需要借助一定的分散剂。本书选用聚乙烯吡咯烷酮（PVP）作为石墨烯的分散剂，在无水乙醇中进行超声分散。PVP 溶液的浓度不同，分散效果也不一样，因此通过试验法来确定溶液的最佳浓度。设置 PVP 的添加量分别为石墨烯重量的 0％、25％、50％、75％ 和 100％，经超声分散 3h 后静置 24h 进行观察，石墨烯在 PVP 溶液中的分散情况如图 4-1 所示。可以看出，随着分散剂 PVP 添加量

(a) 0%　　(b) 25%　　(c) 50%　　(d) 75%　　(e) 100%

图 4-1　石墨烯在不同浓度 PVP 溶液中的分散性

的增加，石墨烯在无水乙醇中的分散性逐渐增大。在 PVP 与石墨烯的重量比小于 75％时，石墨烯沉降现象明显；而当两者的重量比大于 75％时，石墨烯会出现轻微沉降；在两者的重量比为 75％时，石墨烯在无水乙醇中呈悬浮状，分布均匀，说明此时分散效果最好。因此在制备材料时，取 PVP 与石墨烯的重量比为 75％。

4.1.4　刀具材料的制备流程

石墨烯强韧化氧化铝/碳化钛复相陶瓷刀具材料的制备过程如图 4-2 所示。具体内容如下。

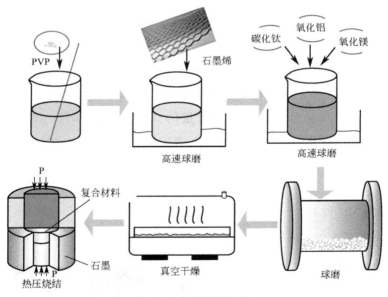

图 4-2　材料制备流程

将 PVP 和无水乙醇配成一定浓度的溶液，加入按配比称重的石墨烯后搅拌均匀，超声分散 2h。用透射电镜（TEM 和 HRTEM）观察处理后的石墨烯（见图 4-3）。可以看出，石墨烯

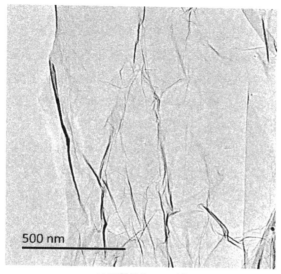

(a) 石墨烯的TEM照片

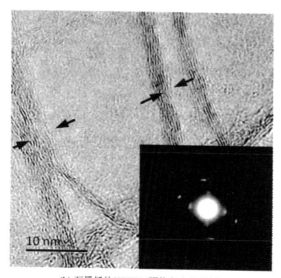

(b) 石墨烯的HRTEM照片和电子衍射图

图 4-3　石墨烯的微观形貌

为片状多层结构，半透明，表面有轻微的褶皱，径向尺寸在微米级，厚度远小于 10nm，电子衍射图为环状，也表明该石墨烯有多层。将超声分散 30min 的高纯 α-氧化铝悬浮液和碳化钛悬浮液分别加入石墨烯悬浮液中，并添加少量 MgO 作为烧结助剂，用玻璃棒搅拌均匀后倒入球磨桶中，桶中提前放好氧化铝研磨球，球料比为 5：1。混合的浆料经机械球磨 48h 后，在真空干燥箱中低温烘干，过 200 目筛，得到干燥的石墨烯-氧化铝-碳化钛陶瓷粉料。将称重的混合粉料装入石墨材质的模具中，经预压后置于热压烧结炉中，设置烧结工艺：烧结温度为 1700℃，压力为 30MPa，保温时间为 15min，真空度为 10Pa，烧结过程中在 1200℃时保温 10min，烧结结束后复合材料随炉冷却，制得石墨烯强韧化氧化铝-碳化钛复相陶瓷刀具材料。

4.1.5 材料的力学性能和微观结构测试方法

将制备的刀具材料坯体进行切割、研磨和抛光处理后，测试其力学性能（抗弯强度、维氏硬度、断裂韧性和相对密度），抛光后试样的表面质量可达 $Ra0.1$。在 WDW-50E 型电子万能试验机上进行三点弯曲试验，来测定陶瓷刀具材料的抗弯强度，试样尺寸为 3mm × 4mm × 30mm，跨距为 20mm，加载速率为 0.5mm/min，计算公式如下：

$$\sigma_{\mathrm{f}} = \frac{3PL}{2bh^2} \tag{4-2}$$

式中，σ_{f} 为抗弯强度，MPa；P 为试样断裂时的外加载荷，N；L 为跨距，mm；b 为试样截面的宽度，mm；h 为试样截面的高度，mm。

本书采用压痕法测试陶瓷刀具材料的维氏硬度，所用仪器为

HV-120 型维氏硬度计，试验过程严格遵循国家标准 GB/T 16534—2009[177]，载荷为 196N，保压时间为 15s。压痕示意图见图 4-4，所采用的计算公式如下：

$$HV = 1.8544 \frac{2P}{a_1 + a_2} \qquad (4\text{-}3)$$

式中，P 为压痕载荷，N，其取值为 196N；a_1 和 a_2 分别为两个方向的压痕对角长度，mm。

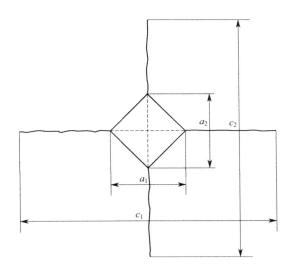

图 4-4　维氏压痕示意图

根据压痕裂纹的长度，利用 Evans 和 Charles[178] 的公式计算材料的断裂韧性 K_{IC}。计算公式如下：

$$K_{IC} = 0.203 \times \left(\frac{c_1 + c_2}{a_1 + a_2} \right)^{-1.5} \sqrt{\frac{a_1 + a_2}{4}} \cdot HV \qquad (4\text{-}4)$$

式中，c_1 和 c_2 分别表示两个方向的压痕裂纹长度，mm；

a_1 和 a_2 分别为两个方向的压痕对角长度，mm。同一试样测定 5 个数据并取平均值。

用热场发射扫描电子显微镜（SEM，QUANTA FEG-250，FEI Inc.，USA）观察陶瓷粉料、试样压痕、裂纹和断口的微观形貌。为提高成像衬度，观察前，试样进行了喷金处理。利用 Hitachi RAX-10 A-X 型 X 射线衍射分析仪（X-Ray Diffraction，XRD）对复合粉料和烧结的试样进行成分分析，以检查刀具材料各组分之间是否满足相容性。利用透射电镜（TEM）观察试样的界面结构。采用拉曼光谱来分析石墨烯的厚度。

4.2 所制备材料的力学性能 <<<

由于石墨烯的聚集特性，石墨烯的过量添加会使得其分散难度增大，因此有必要对石墨烯的添加量进行优化。设置石墨烯的添加质量分数分别为 0、0.1%、0.2%、0.3%、0.4%、0.5%，制备相应的石墨烯强韧化陶瓷刀具材料，对应的材料编号分别为 ATS0、ATS1、ATS2、ATS3、ATS4、ATS5，进行力学性能测试，其结果如图 4-5 所示。未添加石墨烯的氧化铝-碳化钛陶瓷材料的抗弯强度为 749MPa，断裂韧性为 4.98MPa·$m^{1/2}$，这与文献 [179] 采用相似工艺制备的氧化铝-碳化钛陶瓷刀具材料的力学性能（620MPa 和 5.08MPa·$m^{1/2}$）接近；而石墨烯添加质量分数为 0.2% 的材料的抗弯强度为 981.5MPa，断裂韧性为 6.14MPa·$m^{1/2}$，相对于不含石墨烯的试样分别提高了 30% 和 23%，表现出最好的力学性能。石墨烯对材料硬度的影响较小。当石墨烯的添加质量分数为 0.5% 时，陶瓷刀具材料的抗弯强度和断裂韧性反而略有下降，说明此时石墨烯对材料的力学性能起到了破坏作用，因此石墨烯的添加量需要控制在一定范围内。

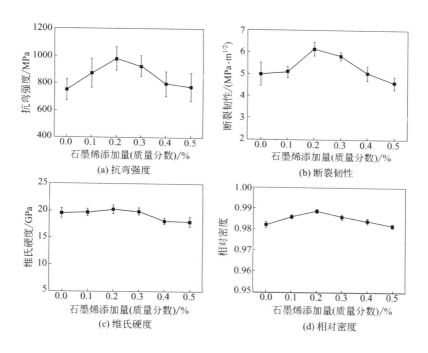

图 4-5 石墨烯添加量对陶瓷材料力学性能的影响曲线

4.3 复合陶瓷刀具材料微观结构分析　◂◂◂

4.3.1 粉料微观形貌及烧结前后材料的成分对比

ATS0（未添加石墨烯）和 ATS2（添加质量分数为 0.2%的石墨烯）的粉料经球磨 48h 后，用 SEM 观察到的粉料颗粒分布情况如图 4-6 所示，可以看出，加入石墨烯后，陶瓷相晶粒的团

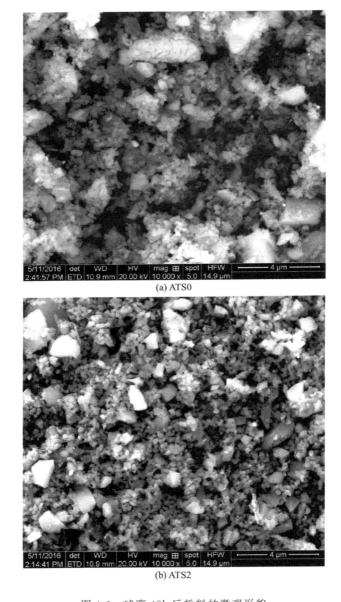

图 4-6　球磨 48h 后粉料的微观形貌

聚明显减少，粒径相对小而均匀。石墨烯呈片状平铺在陶瓷相粉
体中，舒展效果较好。较小的颗粒黏附在石墨烯表面上，得益于
石墨烯的大比表面积，陶瓷相颗粒的分布弥散均匀。可见添加石
墨烯有助于陶瓷粉料的均匀分布。

　　对烧结前的混合粉料和烧结后的块体（ATS2）做 XRD 分
析，如图 4-7 所示，烧结前后的 XRD 衍射峰的位置完全一致，
表明烧结后无新物质产生，即添加石墨烯不会产生新的物质。烧
结后氧化铝和碳化钛的部分峰高增大，这是两种晶粒的生长存在
一定的取向性所致。另外，利用 Debye-Scherrer 公式[180] 分别
计算烧结后氧化铝和碳化钛的晶粒尺寸。

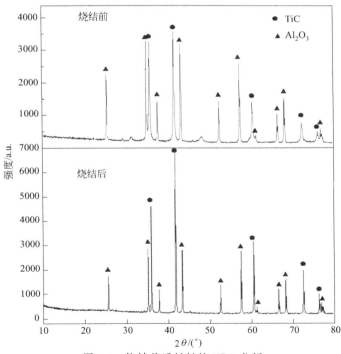

图 4-7　烧结前后材料的 XRD 分析

$$D_{hkl} = k\lambda / (\beta\cos\theta) \qquad (4\text{-}5)$$

式中，D_{hkl} 为晶粒直径；k 为 Scherrer 常数（0.89）；λ 为入射 X 射线波长（0.15406nm）；θ 为布拉格衍射角，(°)；β 为半高峰宽，rad。

氧化铝的（0001）面和碳化钛（111）面的平均粒径分别约为 0.57μm 和 0.61μm，与原始粉料的粒径相差不大，说明了石墨烯能够阻碍晶粒生长[181]。

4.3.2　试样表面压痕裂纹分析

利用显微硬度计在试样抛光面上压出裂纹，进行 SEM 观察。图 4-8 展示了裂纹路径的微观形貌。EDS 能谱分析表明，图像中深灰色区域为氧化铝，浅灰色部分为碳化钛。未添加石墨烯的 ATS0 中裂纹扩展路径平直，可观察到裂纹偏折、桥接，晶粒拔出现象。添加石墨烯的 ATS2 中，裂纹的偏折度明显增大，当裂纹扩展至石墨烯位置处时，裂纹的偏折角因石墨烯的分布不同而出现差异。如图 4-9(b)、图 4-9(d) 所示，石墨烯方向与裂纹扩展路径方向的夹角较小，因此裂纹偏折角度也较小，但在石墨烯所处位置出现了严重的裂纹分叉现象。而图 4-8(c) 中，石墨烯几乎与主裂纹扩展方向垂直，因此，裂纹绕过石墨烯并出现了较大平移，裂纹偏折角接近 90°，同时伴随有大的裂纹分叉。裂纹的偏折和分叉有助于提高材料的断裂韧性。

观察图 4-9 所示的硬度压痕可以发现，添加石墨烯后，压痕棱角处裂纹数增至两条，裂纹扩展方向不再沿着压痕对角线延伸线，裂纹路径偏折度增大，细小分支裂纹增多，明显可见裂纹的严重偏折均发生在石墨烯处，表明裂纹是因受到石墨烯的阻碍而发生偏折。另外，可观察到石墨烯桥接和拔出等现象，这与文献

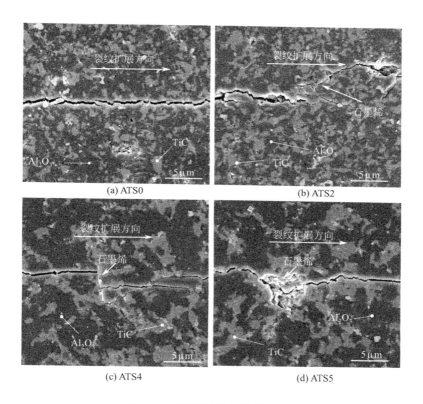

图 4-8　压痕裂纹路径的微观形貌

中所报道的石墨烯强韧化机理是一致的[48,49,182,183]。在添加石墨烯的材料中，沿裂纹扩展路径的表面颗粒剥落现象明显，剥落处可看到残存的石墨烯。随着石墨烯添加量的增大，剥落现象越来越严重，表明添加石墨烯后，材料内的弱界面增多，在同样外力作用下，弱界面处优先产生微裂纹，能够消耗更多的断裂能，并抑制主裂纹的扩展，从而形成微裂纹增韧机制，这有利于提高材料的断裂韧性[184]。

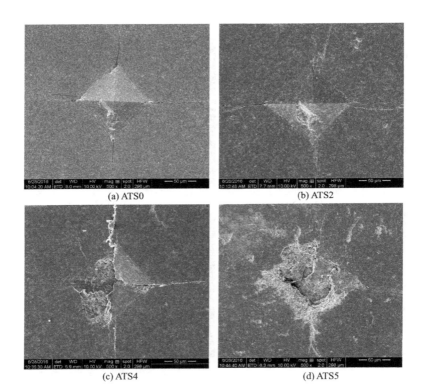

(a) ATS0

(b) ATS2

(c) ATS4

(d) ATS5

图 4-9　维氏硬度压痕

4.3.3　断口微观形貌分析

图 4-10 是试样在三点弯曲试验时所产生断口的微观形貌。ATS0 的断口表面相对粗糙，晶粒拔出现象明显，表明沿晶断裂较多。添加石墨烯的试样断口相对平坦，晶粒上有明显的河流花样，表明穿晶断裂较多。石墨烯以片状形态随晶粒的形状弯曲贴合在晶粒界面（箭头所指位置），其排布方向近似平行，相互间无连接，表明因添加石墨烯而引入的弱界面没有相互贯通，从而使得弱界面对氧化铝-碳化钛陶瓷材料强度的削弱作用很小。石墨烯断

面参差不齐，为被撕裂所致，石墨烯优异的韧性无疑增加了材料的断裂难度。同时石墨烯两侧断面高度不一致，表明裂纹进行了三维方向的扩展，从而增大了裂纹的扩展路径，能够消耗更多的断裂能。在添加石墨烯的陶瓷材料中，ATS2 中的石墨烯分布较均匀，随着添加量的增大，石墨烯片层变厚，即石墨烯出现了团聚现象，如图 4-10(c) 和图 4-10(d) 中黄色方框内所示。对添加石墨烯的 ATS2 和 ATS5 材料做拉曼光谱分析，结果如图 4-11 所示。在两个试样中均可观察到 D 峰和 G 峰，但两个峰的强度比（I_D/I_G）明显不同，ATS2 中的 I_D/I_G 高于 ATS5 的，这证明了 ATS5 中的石墨烯层厚大于 ATS2，因为随着石墨烯厚度的增加，I_D/I_G 值会降低[185]。根据力学性能测试结果，可以看出石墨烯团聚对材料性能产生不良影响，这一点在文献 [186] 中也有论述。

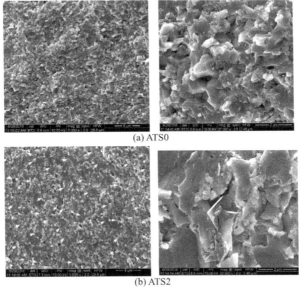

(a) ATS0

(b) ATS2

图 4-10

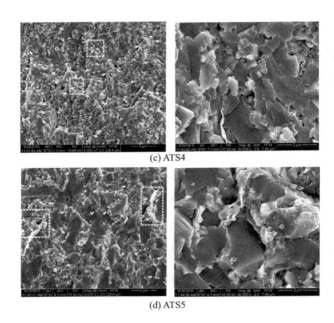

(c) ATS4

(d) ATS5

图 4-10　断口表面的微观结构（电子版）

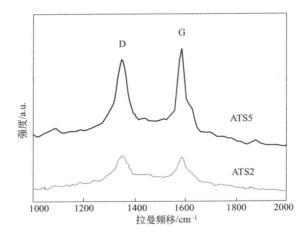

图 4-11　拉曼光谱分析

ATS2 中的晶粒细小，在平行于石墨烯和垂直于石墨烯方向的尺寸较接近，但在 ATS4 中，氧化铝晶粒在平行于石墨烯方向的尺寸明显大于另一个方向的尺寸，在 ATS5 中，这两个方向的尺寸差异更明显，如图 4-10（c）和图 4-10（d）中红色箭头所指示，这说明石墨烯阻碍了陶瓷相晶粒的长大。根据晶体学理论，晶粒的长大主要通过晶界迁移实现。片状的石墨烯能够贴附在晶粒上，其良好的柔韧性可起到钉扎作用，阻碍晶界迁移，从而抑制了烧结过程中的晶粒长大。当石墨烯添加量增大时，会出现石墨烯自组装现象[187]，片层变厚，阻碍了异相晶粒的混合，使得同相晶粒聚集，进而破坏了碳化钛相对基体氧化铝的细化作用，使得烧结后氧化铝晶粒异常长大。由于石墨烯的分布与其优先取向有关[188]，因此可通过提高石墨烯在陶瓷基体材料中的均匀分布来阻碍晶粒在烧结过程中的长大，达到细化晶粒的目的。根据 Hall-Petch 关系，晶粒粒径越小，代表性体积单元内的晶界就越多，晶界强化的作用越明显。

4.3.4　界面结构观察

对 ATS2 陶瓷刀具材料的界面进行透射电镜（TEM）观察，通过 EDS 分析可以看出，在图 4-12 所示的 TEM 暗场像中，深灰色区域为氧化铝相，浅灰色区域为碳化钛相。氧化铝和碳化钛呈弥散分布，形状均不规则，较小的碳化钛颗粒嵌在氧化铝相中形成内晶型结构。

从图 4-13 所示的 TEM 明场像图片可以看出，有的界面形状比较规则，为颗粒表面相互挤压形成的原始接触面，界面清晰，为机械黏结界面；有的界面模糊，这是由于陶瓷刀具材料各组分在高温下扩散，使得各组分界面元素发生扩散。在某些界面

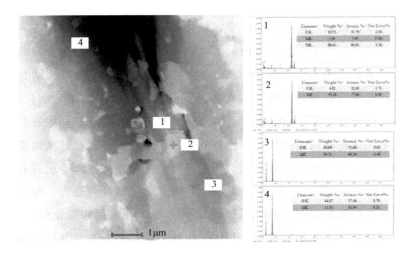

图 4-12 界面结构的 TEM 暗场像及 EDS 分析

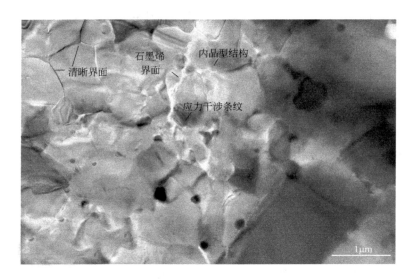

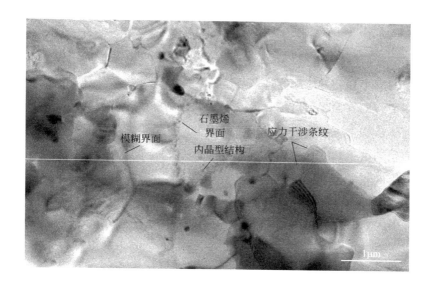

图 4-13　界面结构 TEM 明场像图片

边缘存在应力干涉条纹，这是由于刀具材料烧结过程中，氧化铝
和碳化钛间存在的热胀失配使得晶粒间产生热应力，冷却后热应
力没有完全消除，这些残余热应力使得界面附近产生压应力区，
能够增强界面强度[189]。石墨烯与多个晶粒连接，其与不同晶粒
的黏结强度不同，使得界面的强度也有强弱之分。石墨烯抑制了
晶粒的生长，导致界面处存在大量位错，位错使得界面曲折，增
大了互锁作用。此外，位错有利于释放驱动裂纹扩展的应变能，
提高材料的断裂韧性[190]。可以认为界面性质的变化能够导致材
料性能的改变。

4.4 石墨烯的作用机理分析 <<<

4.4.1 界面差分电子密度计算

界面强度对材料的整体性能影响很大，而异相界面上电子密度的大小和差异影响界面强度[191]。因此从理论上对石墨烯与各陶瓷相的界面强度进行计算，以对比仿真和试验的分析结果。其计算步骤如下：①进行键距差（BLD）分析，并计算每个晶面的面积和电子总数；②计算各晶面的平均电子密度；③计算各异相界面的相对电子密度差。计算公式为[192]：

$$\rho = \sum n_c / S \tag{4-6}$$

$$\Delta\rho = \frac{2 \times |\rho_{hkl} - \rho_{uvw}|}{\rho_{hkl} + \rho_{uvw}} \times 100\% \tag{4-7}$$

式中，n_c 为某一晶面上的电子总数；S 为该晶面的面积；ρ_{hkl}，ρ_{uvw} 分别为异相界面（hkl）和（uvw）上的电子密度；$\Delta\rho$ 为界面上的相对电子密度差。

表 4-5 列出了各晶面电子密度。可以看出，C（0001）晶面具有最大的电子密度，TiC（100）晶面次之，其他晶面上的均较小。将各晶面的电子密度值代入式（4-7）可计算得出异相晶面的相对电子密度差（计算结果见表 4-6）。可以看出，在引入 C（0001）晶面后，$\Delta\rho > 1\%$ 的比例由 66.7% 增加到 73.6%。$\Delta\rho$ 愈大，界面结合能力愈弱，反之愈强。这表明添加石墨烯后材料内弱界面所占比值增加，这与第 2 章界面计算的结果是一致的。

表 4-5　各晶面电子密度

晶面	$Al_2O_3(0001)$	$O(10\bar{1}0)$	$Al(10\bar{1}0)$	$Al_2O_3(11\bar{2}0)$
电子密度/nm^{-2}	1.1293	0.1014	10.2676	11.2771
晶面	TiC(100)	TiC(111)	TiC(110)	C(0001)
电子密度/nm^{-2}	46.1878	6.4065	16.3988	76.3440

表 4-6　异相晶面的相对电子密度差　　　　　　%

晶面	TiC(100)	TiC(111)	TiC(110)	C(0001)
$Al_2O_3(0001)$	1.9045	1.3064	1.7422	1.9417
$O(10\bar{1}0)$	1.8368	1.9376	1.9754	1.9947
$Al(10\bar{1}0)$	1.2725	0.4631	0.4598	1.5258
$Al_2O_3(11\bar{2}0)$	1.2150	0.5509	0.3701	1.4852
C(0001)	0.4922	1.6903	1.2927	0

4.4.2　强弱界面协同强韧化

从图 4-14(a) 所示的石墨烯强韧化陶瓷刀具材料断口可以看出，石墨烯与陶瓷相晶粒的结合界面存在很大差异，有的石墨烯紧贴在晶粒界面，有的与界面有明显的间隙，而无石墨烯的界面结合较紧密，可见由于石墨烯的引入，材料内部出现相对较多的弱界面，从而使得强弱界面共存，引发了强弱界面协同强韧化机制，其示意图如图 4-14(b) 所示。强界面能够维持高抗弯强度，而弱界面由于引入微裂纹增韧，可消耗大量的断裂能，有助于断裂韧性的提高[193]。石墨烯因其大的比表面积，成为连接多个界面的纽带，从而使得强弱界面可协调作用。石墨烯的分布越均匀，所引入的弱界面和微裂纹也越均匀弥散，减少了缺陷的集中，对抗弯强度的减弱作用就越小。同时石墨烯的弥散均布能够有效抑制陶瓷相晶粒的长大，提高抗弯强度。因此弱界面结构有助于实现陶瓷的可加工性和高力学性能的统一。

(a) 强弱界面分布

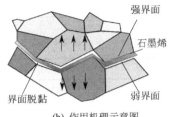
(b) 作用机理示意图

图 4-14　强弱界面协同强韧化作用

4.4.3　石墨烯其他强韧化机理

　　除了强弱界面协同强韧化之外，从石墨烯强韧化陶瓷刀具材料微观结构可观察到其他的强韧化机理，如图 4-15 所示。石墨烯贴合于晶粒的表面，当裂纹扩展至石墨烯处时，会出现三种情况，一是裂纹停止，即发生裂纹钝化；二是裂纹在晶界的阻碍以及在裂尖的高应力作用下，沿石墨烯发生了偏折，虽然方向与原裂纹的相同，但位置发生了变化；三是当石墨烯方向与裂纹方向夹角较大时，裂纹穿过石墨烯连续扩展，并且在沿石墨烯方向出现分支裂纹。裂纹偏折、分叉等机制有利于提高材料的力学性能。裂纹扩展所需的能量决定了裂纹的扩展路径（是沿界面扩展还是在晶粒内扩展）。这有三个主要因素[194]：第一个是表面能，它由连接裂纹所在平面的原子键的能量和密度决定；第二个是裂尖区域发生局部塑性和黏弹性形变的难易程度。第三个是裂尖周围物理化学环境的影响。根据第 3 章的分析可知，界面的微观结构影响着材料的宏观力学性能。石墨烯的加入改变了材料的微观结构，影响了裂尖周围的环境，其所具有的优异力学性能（极高的强度、韧性和弹性模量）增大了表面能，提高了发生塑性和黏弹性变形的困难程度，因此有助于材料断裂韧性的提高，同时石墨烯拔出和桥接也有利于材料抗断裂能力的增强。

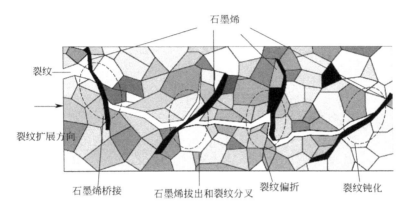

图 4-15　石墨烯强韧化机理示意图

4.5　石墨烯强韧化陶瓷刀具材料的各向异性　<<<

将烧结的毛坯在内圆切片机上切割出刀片（见图 4-16），并对刀片的各个面进行研磨、抛光和超声清洗处理后，在 HV-120 型维氏硬度计上做出压痕裂纹，载荷为 196N，保压时间为 15s。再次超声清洗，在电子扫描电镜上拍摄各个面的 SEM 图像，研究同一试样在垂直于热压方向的面（Ⅰ面）和平行于热压方向的面（Ⅱ面）上的微观结构差异，并对压痕裂纹进行分形维数分析，结果如图 4-17 所示。

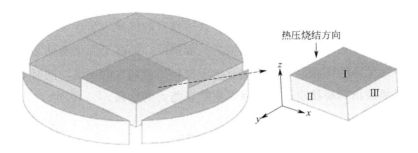

图 4-16　刀片的三个表面

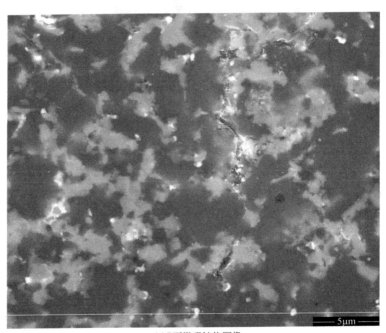

(a) I面微观结构图像

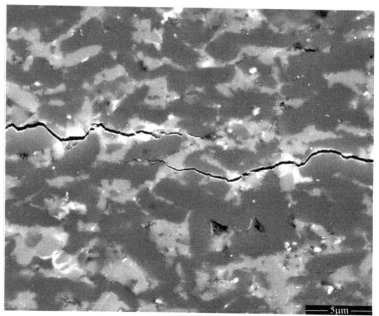

(b) Ⅱ面微观结构图像

图 4-17　刀片微观结构

　　图 4-17(a) 为Ⅰ面的微观结构，图 4-17(b) 为Ⅱ面的微观
结构，图中浅色为碳化钛，深色为氧化铝。可以看出，两个表面
的微观结构差异明显：Ⅰ面中的氧化铝为团状，Ⅱ面中的氧化铝
多为长条状，长边方向与裂纹方向近似平行。图 4-18(a) 为Ⅰ面
的压痕裂纹及对应的分形图像，图 4-18(b) 为Ⅱ面的压痕裂纹
及对应的分形图像。可以看出，Ⅰ面上能够观察到的石墨烯较
少，从裂纹路径可以看出，石墨烯与裂纹扩展路径存在一定的夹
角，可以起到阻碍裂纹扩展的作用；而Ⅱ面可看到多片石墨烯，

石墨烯相互平行，其分布方向与氧化铝的长边方向基本一致。裂纹沿石墨烯分布方向扩展，在石墨烯处有明显的裂纹分叉，从而增大了裂纹长度，能够消耗更多的断裂能。这种差异使得材料具有各向异性，文献［132］发现垂直于热压方向的陶瓷材料断裂韧性和抗弯强度比平行于热压方向的性能分别提高了38％和39％，这表明刀片的切割方向不同（如图 4-19 所示），刀具的性能也不同。

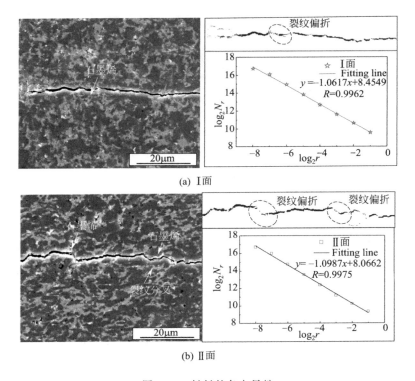

(a) I面

(b) II面

图 4-18 材料的各向异性

所制备材料的各向异性也影响了制备 TEM 试样的难易程

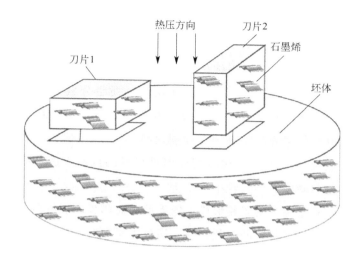

图 4-19　材料各向异性影响刀片切割方向

度。在进行试样的切割、凹坑处理和离子减薄时，在Ⅱ面上耗费的时间远远大于Ⅰ面所用的时间。将试样厚度从 150μm 凹坑至 50μm，设置同样的参数，Ⅱ面所需要的平均时间为 5h，而Ⅰ面仅需 1.5h。在进行离子减薄时，Ⅱ面所需要的平均时间为 11h，远大于减薄Ⅰ面所需要的时间（4h）。这也间接证明了石墨烯强韧化陶瓷刀具试样存在各向异性。

　　关于石墨烯强韧化陶瓷刀具材料的各向异性产生的原因，目前未发现有文献对其进行过明确的解释，因此热压烧结石墨烯强韧化陶瓷刀具材料的各向异性的成因及其应用可作为未来的一个研究方向。如可否根据材料的各向异性来合理切割刀片，使得相同的刀具材料，通过不同的切割，可以用于对力学性能（强度、韧性、硬度等）要求有很大不同的切削加工中。

本章小结

（1）制备了石墨烯强韧化复相氧化铝-碳化钛陶瓷刀具材料，优化确定了石墨烯的含量，当石墨烯添加质量分数为 0.2% 时，材料的综合力学性能最好，相对于不含石墨烯的氧化铝-碳化钛试样，其抗弯强度和断裂韧性分别提高了 30% 和 23%。石墨烯可以有效提高氧化铝-碳化钛陶瓷刀具材料的抗弯强度和断裂韧性，对材料硬度的影响较小。

（2）石墨烯与陶瓷相形成了弱界面，而弱界面引发微裂纹增韧机制，提高了材料的断裂韧性，实现了界面的调控。石墨烯的弥散均匀分布不仅有效抑制了陶瓷相晶粒的长大，还实现了强弱界面交错分布，实现了陶瓷的可加工性和高强韧性的统一。石墨烯的自组装会削弱材料力学性能，其添加量需限制在一定范围内。

（3）石墨烯强韧化机制主要包括强弱界面协同强韧化、裂纹偏折分叉、石墨烯拔出及桥接、裂纹钝化和穿晶断裂。添加石墨烯后，裂纹偏折度大大增加，裂纹分叉频率也增多。

（4）石墨烯强韧化复相氧化铝-碳化钛陶瓷刀具材料在垂直与平行于热压烧结方向的材料微观结构迥异，使得两个方向的材料性能大不相同。

第**5**章

石墨烯强韧化复相陶瓷刀具切削性能

本章应用所制备的石墨烯强韧化氧化铝-碳化钛复相陶瓷刀具车削淬硬 42CrMo 钢，刀片切割方向参照第 4 章图 4-18 中的刀片 1 所示。通过观察切屑形貌、切削力、切削温度、刀具磨损特征等的变化，研究其切削性能。

5.1 试验条件

试验中，选用淬硬 42CrMo 钢作为车削工件材料，经淬火处理后，42CrMo 钢的硬度达到（50±2）HRC，切削试验在 CKD6150H 数控车床上进行，采用连续干切削方式，车刀为方形的机夹式可转位刀片，其力学性能见表 5-1，与瑞典 SANDVIK 公司生产的 CC650 刀片列于图 5-1 中。装夹后刀片的几何参数见表 5-2。图 5-2 为试验现场刀具、工件及测力仪安装情况。

表 5-1   试验用刀具及其力学性能

刀具牌号	抗弯强度/MPa	断裂韧性/MPa·m$^{1/2}$	硬度/GPa
ATS0	749	4.98	16.6
ATS2	981.5	6.14	17.8
ATS3	927.3	5.81	17.2
ATS4	795	5.03	16.5
CC650	550[195]	4.9	20.9

图 5-1   自制刀片与商用刀片

表 5-2   装夹后刀具几何参数

刀具参数	前角 γ_0	后角 α_0	刃倾角 λ_s	主偏角 κ_r	刀尖圆弧半径 R_ϵ	倒棱 $b_{\gamma1} \times \gamma_{01}$
数值	$-5°$	$5°$	$0°$	$75°$	0.4mm	0.1mm×$(-15°)$

考虑到在其他条件和参数不变的情况下，切削速度对刀具寿命的影响最大，因此设置试验切削参数如表 5-3 所示。判断刀具失效的磨钝标准符合国际标准化（ISO）统一规定，即后刀面上 1/2 背吃刀量处测量的平均磨损带宽度达

到 0.3mm。

表 5-3　试验切削参数

工件材料	切削速度 v_c/m·min^{-1}	进给量 f/mm·r^{-1}	切削深度 a_p/mm
42CrMo	100/150/200/250	0.02	0.05/0.1/0.2/0.3

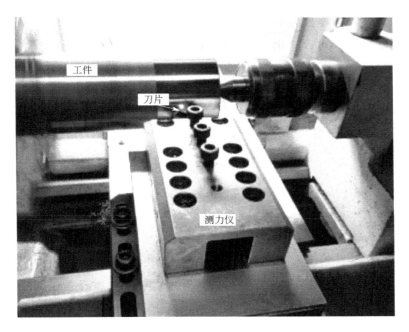

图 5-2　车削试验现场图片

在切削时，使用 KISTLER 9265A 型三相测力仪测量每次刚进入稳定切削状态时的切削力，利用 NEC-TH5140R 型红外热像仪对前刀面上刀-屑接触区的温度进行实时测量，使用工具显微镜定期测量后刀面的磨损量。后续分析中所用到的切削力和切削温度数值均为多次测量结果的算术平均值。刀具破损处的微观形貌通过扫描电镜 SEM 进行观察。

5.2 切削过程与切屑形态 ◀◀◀

图 5-3 为自制刀具 ATS2 干式切削淬硬 42CrMo 钢时的现场照片，切削参数为 $v_c = 200\text{m} \cdot \text{min}^{-1}$，$f = 0.02\text{mm} \cdot \text{r}^{-1}$，$a_p = 0.1\text{mm}$，可以看出，切屑被灼烧成红色的火带，呈流线状飞射而出，刀尖却保持了良好的红硬性，可以断定切屑带走了大部分切削热。

图 5-3 切削过程中的刀具、工件和切屑

图 5-4 为在不同切削速度下，自制刀具 ATS2 连续车削淬硬
42CrMo 钢时的切屑微观形貌。可以看出，切削速度越高，切屑正
面的挤压变形就越大，切屑背面却越来越光滑，即切屑上的剪切
滑移现象增多，刀-屑间的摩擦力减小，这与陶瓷刀具前刀面的摩
擦系数会随着切削速度的提高而降低[196]　是一致的。在切削速度
为 200m・min^{-1} 时，切屑边缘出现了轻微断裂，锯齿化现象开始
显现。当切削速度升高到 250m・min^{-1} 时，切屑边缘断裂严重，
切屑为明显的锯齿形。根据绝热剪切理论[197-199]，切削速度增大
到一定时，由于切削温度高，工件材料发生软化，在剪切面处的
流动应力升高，剪切滑移现象加剧，形成了锯齿形切屑。

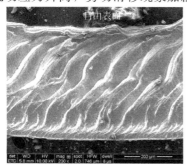

(a) v_c=150m·min^{-1}

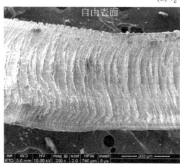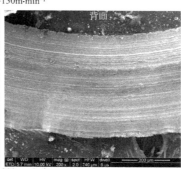

(b) v_c=200m·min^{-1}

图 5-4

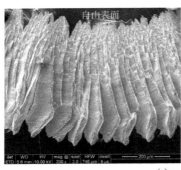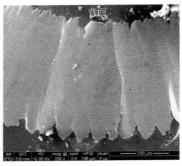

(c) $v_c = 250 \text{m} \cdot \text{min}^{-1}$

图 5-4　ATS2 在不同切削速度下的切屑微观形貌

（$f = 0.02 \text{mm} \cdot \text{r}^{-1}$，$a_p = 0.1 \text{mm}$）

5.3　切削力与切削温度

　　为了保证试验结果的可比性，减少刀具磨损对试验结果的影响，每个刀片只使用一次，并在刚进入稳定切削阶段时进行测量。每个试验过程重复三次，取切削力和切削温度的最高值。图 5-5 为切削力和切削温度随石墨烯含量的变化，$a_p = 0.1 \text{mm}$，$f = 0.02 \text{mm} \cdot \text{r}^{-1}$。在同一切削速度下，从 ATS0 到 ATS4，石墨烯含量依次升高，切削力呈下降走势，说明添加石墨烯有助于降低切削力。从图 5-5（b）可以看出，在相同的切削切削参数（切削速度、进给量和切削深度）条件下，随着石墨烯含量的升高，切削温度也呈现下降走势，这与石墨烯所具有的润滑功能有关。石墨烯为良好的固体润滑剂[200]，在刀具和工件的接触面上发挥润滑作用，能够降低接触面的摩擦系数，从而降低了摩擦力和切削温度。这与 Mauel Belmonte 等[201] 对石墨烯-氮化硅陶瓷磨损抗力的研究结果一致，即在陶瓷复合材料中加入石墨烯后，其摩擦学性能明显提高。

对同一刀具材料，在其他切削参数（进给量和切削深度）不变时，切削力和切削温度随着切削速度的增大而增加，通过分析刀具磨损形貌可知，切削速度升高，后刀面的磨损区域随之增大，即刀具-工件间的摩擦力加大，进而引起切削力增大[202]。在切削速度为 150m · min^{-1} 时，ATS4 刀尖处的温度峰值为 351℃，当切削速度为 250m · min^{-1} 时，其温度峰值为 439℃。这是因为当切削速度升高时，刀具-工件间的摩擦热增多，导致切削温度升高。

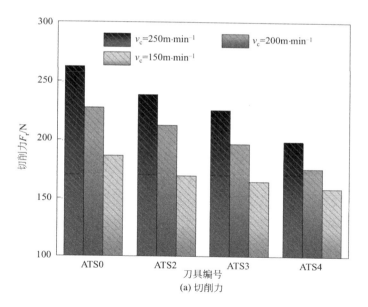

(a) 切削力

图 5-5

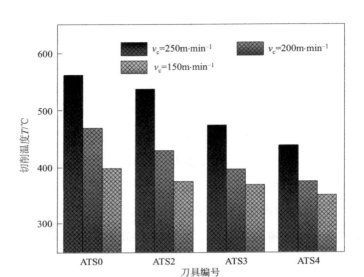

图 5-5　切削力和切削温度随石墨烯含量的变化

($f=0.02\mathrm{mm} \cdot \mathrm{r}^{-1}$，$a_\mathrm{p}=0.1\mathrm{mm}$)

对同一种刀具，保持切削速度（$v_\mathrm{c}=200\mathrm{m} \cdot \mathrm{min}^{-1}$）和进给量（$f=0.02\mathrm{mm} \cdot \mathrm{r}^{-1}$）不变，切削力和切削温度随切削深度的变化如图 5-6 所示，可以看出，切削力随切削深度的增加而增大。这是因为当切削深度增大时，已加工表面与副切削刃接触长度变长，刀具受到工件的变形抗力增大，使得切削力和切削温度也急剧上升，但相对不含石墨烯的刀具 ATS0，添加石墨烯的刀具的切削力增幅较缓。从图 5-6(b) 也可以看出，随着石墨烯含量的增加，相同切削参数下切削温度的下降现象非常明显。但当切削深度为 0.3mm 时，ATS4 的切削温度不再遵守这个规律，这是因为切削抗力随切削深度的增加而增大，并且 ATS4 内石墨烯的团聚较严重，从而使得石墨烯的减摩作用降低。

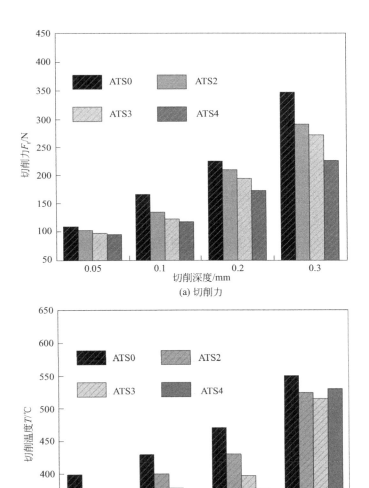

图 5-6　切削力和切削温度随切削深度的变化

$(v_{\mathrm{c}} = 200\mathrm{m} \cdot \mathrm{min}^{-1}, \; f = 0.02\mathrm{mm} \cdot \mathrm{r}^{-1})$

5.4 石墨烯含量对陶瓷刀具损伤特征的影响 ◂◂◂

选取不同石墨烯含量的氧化铝基陶瓷刀具，进行对比切削实验，研究石墨烯含量对陶瓷刀具损伤特征的影响，其结果如下。

图 5-7 是从工具显微镜下观察到的具有不同石墨烯含量的刀具前、后刀面在切削时长为 2min 时的磨损形貌。切削参数如下：切削速度为 $200\text{m} \cdot \text{min}^{-1}$，进给量为 $0.02\text{mm} \cdot \text{r}^{-1}$，切削深度为 0.2mm。可以看出，ATS0 前刀面上的破损区域较大，刀尖损毁严重，后刀面磨损较少；而添加石墨烯的刀具以磨损为主，切削刃有轻微崩刃，这表明含石墨烯的刀具有较强的抑制前刀面裂纹萌生和扩展的能力，验证了第 4 章的分析结果，即石墨烯能够强韧化陶瓷刀具材料。石墨烯的含量越高，后刀面的磨损越轻微，这与石墨烯所具有的润滑作用有关。

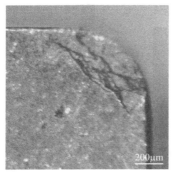

(a) ATS0

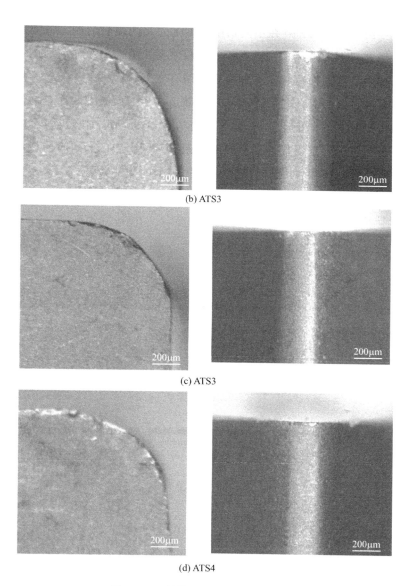

(b) ATS3

(c) ATS3

(d) ATS4

图 5-7　刀具前、后刀面的损伤形貌

($v_c = 200 \mathrm{m} \cdot \mathrm{min}^{-1}$，$f = 0.02 \mathrm{mm} \cdot \mathrm{r}^{-1}$，$a_p = 0.2 \mathrm{mm}$)

图 5-8 为 ATS0 在不同切削速度下刀具的损伤形貌。低速时以切削刃上的磨损为主，磨损处晶粒剥落，有微裂纹向前刀面方向扩展，后刀面有轻微的划痕，说明存在磨粒磨损。中速时磨损明显减少，刀具前、后刀面均出现破损，后刀面断裂表面有韧性断裂韧窝，前刀面上可见脆性断裂的台阶，表明在该切削速度下，刀具的破损由韧性断裂和脆性断裂共同引起。高速时前刀面上有贝壳状裂纹、台阶和微裂纹，为明显的脆性断裂。

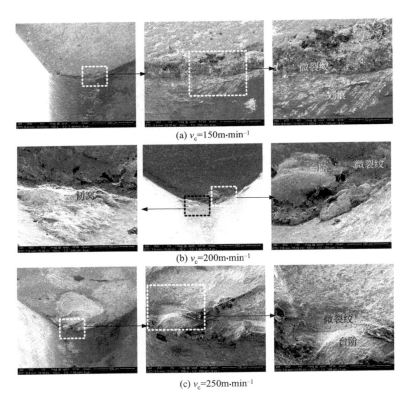

(a) $v_c=150\text{m}\cdot\text{min}^{-1}$

(b) $v_c=200\text{m}\cdot\text{min}^{-1}$

(c) $v_c=250\text{m}\cdot\text{min}^{-1}$

图 5-8　ATS0 在不同切削速度下刀具的损伤形貌

($f=0.02\text{mm}\cdot\text{r}^{-1}$，$a_p=0.2\text{mm}$)

图 5-9 为 ATS2 在不同切削速度下刀具的损伤形貌。低速时以切削刃上的磨损为主，破损处有微裂纹，后刀面可看到黏结的工件材料。中速时前刀面出现沟槽状破损，后刀面有划痕，从放大形貌处可看出破损处有韧性断裂韧窝。高速时刀尖处有破损，在微观上既能观察到韧性断裂的韧窝，又存在脆性断裂的台阶。对比 ATS0 的损伤形貌可以发现，由于石墨烯的加入提高了陶瓷刀具材料的力学性能，ATS2 刀具在三种速度下的磨损程度均小于 ATS0，特别在中高速下，虽然高的切削力和切削温度带来高的机械应力和热应力，但 ATS2 仍表现出良好的切削性能。

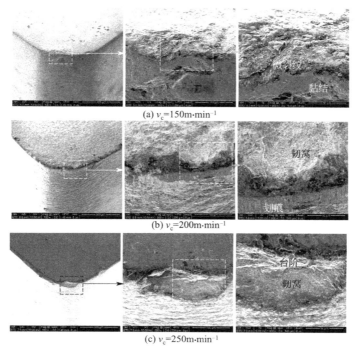

(a) v_c=150m·min^{-1}

(b) v_c=200m·min^{-1}

(c) v_c=250m·min^{-1}

图 5-9　ATS2 在不同切削速度下刀具的损伤形貌

$(f=0.02\text{mm}\cdot\text{r}^{-1},\ a_p=0.2\text{mm})$

图 5-10 为 ATS2 刀具前、后刀面上靠近切削刃处的线能谱分析结果，可以看出，这两处均有大量的 Fe 元素，证明了刀具上存在一定的黏结磨损。在图 5-11 中，可清楚地看到石墨烯拔出，这与第 4 章的观察结果一致。石墨烯具有优异的力学性能，本身能够承受较高的拉伸力，起到纤维增韧的作用，同时根据第 4 章的微观结构分析，石墨烯具有大的比表面积，成为连接多个晶粒的纽带，由于界面结构的差异，各个晶粒与石墨烯的界面结合强度也参差不齐，使得强弱界面交错分布，并且石墨烯起到桥接作用，提高了材料的断裂韧性和抗弯强度，从而使得 ATS2 中的破损面较小。

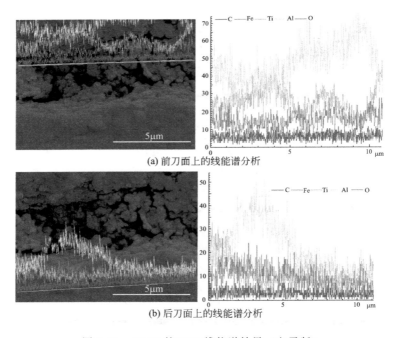

(a) 前刀面上的线能谱分析

(b) 后刀面上的线能谱分析

图 5-10　ATS2 的 EDS 线能谱结果（电子版）

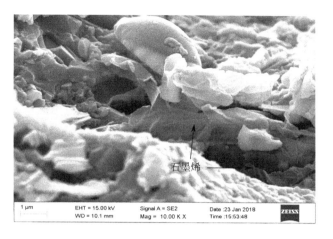

图 5-11　ATS2 破损处的石墨烯拔出

5.5　刀具寿命与刀具失效演变

图 5-12 所示为切削速度分别为 100m・min^{-1}、150m・min^{-1}、200m・min^{-1}、250 m・min^{-1} 时，自制刀具 ATS2 和商用刀具 CC650 的后刀面平均磨损量随切削距离变化的曲线，采用的切削参数为：$f = 0.02$ mm・r^{-1}，$a_p = 0.1$ mm。在切削速度 $v_c = 100$ m・min^{-1} 时，两种刀具的切削寿命都很短，表明均不适合用于低速切削。ATS2 的后刀面磨损量增加较快，寿命低于 CC650。切削速度增大时，两种刀具达到失效时的切削距离均增大，后刀面磨损量都呈现出快速磨损—稳定磨损—急剧磨损的变化趋势，ATS2 在急剧磨损阶段易出现刀具破损。在切削速度为 150m・min^{-1} 和 200m・min^{-1} 时，ATS2 的中期稳定磨损阶段明显比 CC650

的长，表明 ATS2 的切削过程更稳定。在 $v_c = 200\mathrm{m} \cdot \mathrm{min}^{-1}$ 时，ATS2 的刀具寿命高于 CC650。在其他切削速度下，CC650 则具有较大的寿命优势。对比各速度下的刀具寿命曲线，可以发现两种刀具都更适合用于中高速切削（$v_c = 150 \sim 250\mathrm{m} \cdot \mathrm{min}^{-1}$）。

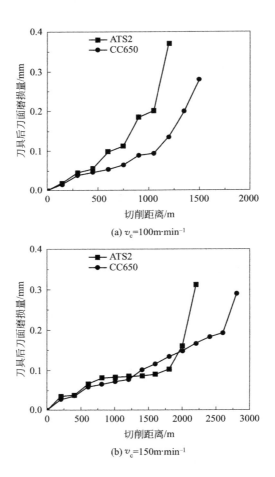

(a) $v_c = 100\mathrm{m} \cdot \mathrm{min}^{-1}$

(b) $v_c = 150\mathrm{m} \cdot \mathrm{min}^{-1}$

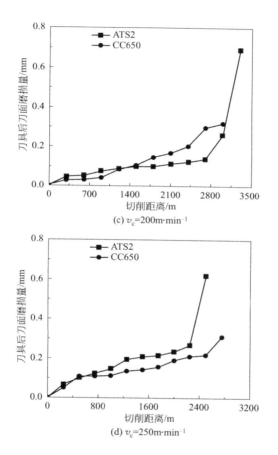

图 5-12　刀具后刀面磨损量随切削距离的变化曲线

图 5-13 为 $v_c = 150\text{m} \cdot \text{min}^{-1}$ 时 ATS2 前、后刀面的磨损演变过程。可以看出，磨损从刀尖开始，分别向前、后刀面延伸，前刀面有切屑黏结现象，后刀面的磨损量增加缓慢。随着切削的进行，刀尖处的破损面沿前刀面向刀杆方向延伸，由于是连续切削，切削热在刀具上累积，前刀面上出现了灼烧后的蓝黑色

痕迹，同时，后刀面的磨损加剧，刀尖出现较大崩刃，最终导致了刀具的失效。

(a) t=1min

(b) t=3min

(c) t=7min

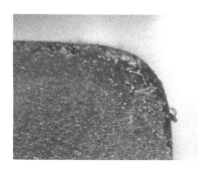

(d) t=12min

(e) t=14min

图 5-13　ATS2 在 $v_c = 150 \ \mathrm{m \cdot min^{-1}}$ 时前、后刀面的磨损演变过程

图 5-14 为 $v_c = 200 \mathrm{m \cdot min^{-1}}$ 时 ATS2 前、后刀面的磨损演变过程。可以看出，在该速度下，刀具的磨损从后刀面开始，切屑在后刀面黏结，切削初期刀尖磨损较大，在进入稳定磨损阶段后，刀尖磨损程度几乎不变。前刀面有沟槽状磨损，沟槽可以起到断屑的作用，使得切屑不会大量在前刀面堆积，因此刀具温度低，没有出现灼烧痕迹。随着切削的进行，后刀面的磨损区域先维持一段时间的小幅稳定增长后急剧增大，刀尖处的磨损加

剧，两个因素导致了刀具的失效。

(a) *t*=1min

(b) *t*=3min

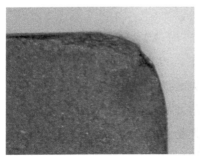

(c) *t*=10min

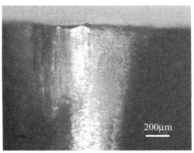

(d) *t*=15min

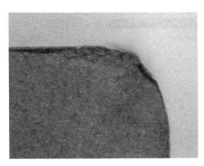

(e) *t*=16min

图 5-14　ATS2 在 $v_c = 200\mathrm{m} \cdot \mathrm{min}^{-1}$ 时前、后刀面的磨损演变过程

5.6　刀具失效特征与失效机理　‹‹‹

图 5-15 为自制刀具 ATS2 在不同切削速度下的失效形貌，图 5-16 为各速度下刀具磨损局部放大图。可以看出，刀具出现不同程度的前刀面材料剥落和后刀面的黏结磨损，前刀面的磨损从切削刃处开始，向刀杆方向延伸，损伤形貌呈斜面状[203]，最严重的磨损出现在切削刃处，在高速（$v_c = 250\mathrm{m} \cdot \mathrm{min}^{-1}$）时，刀具前刀面的破损区域明显增大。在切削速度大于等于 200m·

min^{-1} 时，后刀面的黏结磨损区域急剧增大。

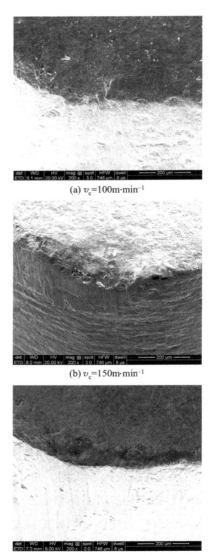

(a) v_c=100m·min^{-1}

(b) v_c=150m·min^{-1}

(c) v_c=200m·min^{-1}

(d)v_c=250m·min^{-1}

图 5-15　ATS2 在不同切削速度下的失效形貌

在低速时，切削温度低，切屑颜色为黑蓝色，呈断续带状从前刀面流出，由于切屑与前刀面间存在强烈的挤压与摩擦（从图5-4 可看出），前刀面的破坏严重，如图 5-16（a）所示。随着切削速度的升高，前刀面的磨损面变小，但磨损深度增大，在切削刃处磨损最严重。切削速度增大时，切削温度也随之升高，大量的切削热使得切屑被灼烧软化，导致切屑从前刀面流出时容易黏结在前刀面，由于刀具的硬度很高，工件的硬度相对低，切屑上的硬质颗粒被附着在前刀面上，使得刀-屑的接触面积减少，进而引起前刀面的磨损区域减小〔见图 5-16（b）和图 5-16（c）〕。在切削速度为 250m·min^{-1} 时，形成锯齿状切屑〔图 5-4（c）〕，碎屑增多。锯齿形切屑的毛边及工件表面的毛刺对切削刃造成不间断的冲击[204,205]，同时在高速时，刀具的高温区靠近切削刃[206]，在机械-热载荷的共同作用下，切削刃处容易出现微裂纹并沿前刀面方向扩展，最终发生前刀面破损现象。

后刀面有明显的工件材料黏结层和磨损产生的划痕，其原因主要是黏结磨损，磨损区域呈不规则的抛物线状。从图 5-16 可

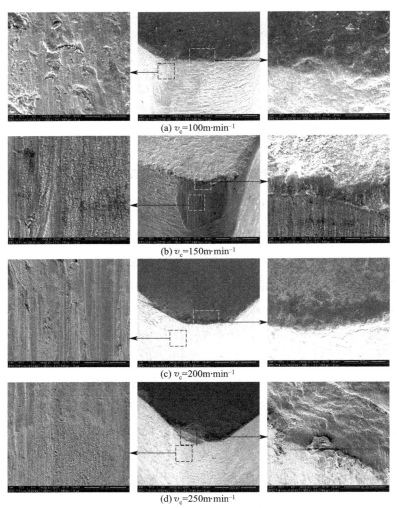

(a) v_c=100m·min^{-1}

(b) v_c=150m·min^{-1}

(c) v_c=200m·min^{-1}

(d) v_c=250m·min^{-1}

图 5-16　ATS2 失效形貌局部放大图

以看出，切削速度越高，后刀面的磨损面积越大，磨损面变得相对平整、光滑，工件材料的黏结加剧，这是由切削温度升高引起的工件软化所致。切削速度升高，切削稳定期的加工表面粗糙度呈现减小趋势（见图 5-17）。由于自制刀具为纯手工磨制，刀具参数存在较大误差，导致所加工表面的粗糙度略小于 CC650 的加工表面。对比切削速度为 $200\mathrm{m} \cdot \mathrm{min}^{-1}$ 时的 ATS2 和 CC650 的失效形貌（图 5-18）可以发现，在相同的切削参数下，ATS2 后刀面的工件黏结层比 CC650 的相对光滑，这说明 ATS2 中的石墨烯发挥了润滑作用。

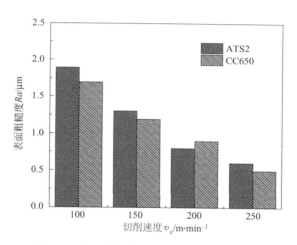

图 5-17　加工表面粗糙度随切削速度的变化

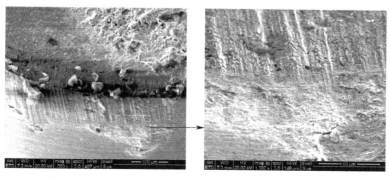

图 5-18　CC650 在 $200\mathrm{m} \cdot \mathrm{min}^{-1}$ 切削速度下的失效形貌

本章小结

本章应用商业刀具、自制的含石墨烯和不含石墨烯的氧化铝-碳化钛复相陶瓷刀具连续车削了淬硬 42CrMo 钢，通过比较刀具寿命和分析刀具磨损形貌，发现添加石墨烯后，刀具的切削性能有很大提升，从而证明了石墨烯界面调控的可行性，结论如下：

（1）添加石墨烯后，刀具的磨损量明显减小，表明含石墨烯的刀具有更好的切削性能。由于石墨烯的润滑作用，刀-屑接触区的摩擦力减少，切削力和切削温度随着石墨烯添加量的增大而降低。

（2）ATS2 表现出良好的耐磨性和抗破损能力，在自制刀具中具有最好的切削性能，最适合的切削速度在 $200\mathrm{m \cdot min^{-1}}$ 左右，在此切削速度下，ATS2 的刀具寿命高于商用刀具。

（3）ATS2 后刀面为黏结磨损，切削刃处有微崩刃，前刀面在中低切削速度（$100 \sim 200\mathrm{m \cdot min^{-1}}$）下无破损，表明含石墨烯的刀具材料能够抑制前刀面上的裂纹萌生和扩展。在高速时（$200 \sim 250\mathrm{m \cdot min^{-1}}$），刀具后刀面的黏结磨损区域呈不规则抛物线状，磨损面积急剧增大，前刀面出现较大破损。

参 考 文 献

［1］ 艾兴．高速切削加工技术［M］．北京：国防工业出版社，2003．

［2］ Schulz H，Abele E，何宁．高速加工理论与应用［M］．北京：科学出版社，2010．

［3］ 艾兴，刘战强，赵军，等．高速切削刀具材料的进展和未来［J］．制造技术与机床，2001（8）：21-25．

［4］ 曹茂盛．材料现代设计理论与方法［M］．哈尔滨：哈尔滨工业大学出版社，2002．

［5］ Ai X，Liu Z Q. Developments of tool materials for high speed machining and their aplications［J］．Fifth Int. Conf. HSM，Metz，France，March 14-16，2006：883-894．

［6］ 邓建新，赵军．数控刀具材料选用手册［M］．北京：机械工业出版社，2005．

［7］ 郭景坤．关于陶瓷材料的脆性问题［J］．复旦学报（自然科学版），2003，42（6）：822-827．

［8］ 李建林，陈彬彬，章文，等．陶瓷/石墨烯块体复合材料的研究进展［J］．无机材料学报，2014，29（3）：225-236．

［9］ 姜丽丽，鲁雄．石墨烯制备方法及研究进展［J］．功能材料，2012，43（23）：3185-3189，3193．

［10］ 匡达，胡文彬．石墨烯复合材料的研究进展［J］．无机材料学报，2013，28（3）：235-246．

［11］ Ziegler A，Idrobo J C，Cinibulk M K，et al. Interface structure and atomic bonding characteristics in silicon nitride ceramics［J］．Science，2005，306（5702）：1768-1770．

［12］ Gunnison K E. Structure-Mechanical Property Relationships In A Biological Ceramic-Polymer Composite：Nacre［J］．Mrs Online Proceeding Library，1991（255）．

［13］ Serbenyuk T B，Aleksandrova L I，Zaika M I，et al. Structure，mechanical and functional properties of aluminum nitride-silicon carbide ceramic material

[J]. Journal of Superhard Materials, 2008, 30 (6): 384-391.

[14] 郭景坤, 徐跃萍. 纳米陶瓷及其进展 [J]. 硅酸盐学报, 1992 (3): 286-291.

[15] Porwal H, Grasso S, Reece M J. Review of graphene-ceramic matrix composites [J]. Advances in Applied Ceramics, 2013, 112 (8): 443-454.

[16] 匡达, 胡文彬. 石墨烯复合材料的研究进展 [J]. 无机材料学报, 2013, 28 (3): 235-246.

[17] 王扬渝. 多硬度拼接淬硬钢铣削动力学研究 [D]. 杭州: 浙江工业大学, 2013.

[18] 王琳琳. 切削难加工材料的刀具选择 [J]. 航空制造技术, 2012, 406 (10): 51-53.

[19] 周曦亚, 方培育. 现代陶瓷刀具材料的发展 [J]. 中国陶瓷, 2005, 41 (1): 49-51.

[20] 姚福新, 李长河. 高速切削加工刀具材料 [J]. 精密制造与自动化, 2010 (1): 5-8.

[21] 张慧. 新型陶瓷刀具材料及其发展前景 [J]. 机械研究与应用, 2006, 19 (1): 1-2.

[22] 邓建新, 冯益华, 艾兴. 高速切削刀具材料的发展、应用及展望 [J]. 机械制造, 2002, 40 (1): 11-15.

[23] 袁帅, 刘献礼, 岳彩旭. 陶瓷刀具的应用及其发展 [J]. 金属加工: 冷加工, 2015 (6): 57-59.

[24] Gong J, Miao H, Zhao Z, et al. Effect of TiC particle size on the toughness characteristics of Al_2O_3-TiC composites [J]. Materials Letters, 2001, 49 (3-4): 235-238.

[25] Zhou Y H, Ai X, Zhao J, et al. Mechanical Properties and Microstructure of Al_2O_3/ (W, Ti) C Nanocomposite [J]. Key Engineering Materials, 2008, 368-372: 717-720.

[26] Heuer A H, Claussen N, Kriven W M, et al. Stability of Tetragonal ZrO_2 Particles in Ceramic Matrices [J]. Journal of the American Ceramic Society, 1982, 65 (12): 642-650.

[27] Gao X，Qiu T，Jiao B X，et al. Study on the ZrO_2- Al_2O_3 ceramic composites [J]. China Ceramics，2004，3.

[28] Jiao B X，Qiu T，Li C C，et al. Microstructure and Mechanical Properties of Al_2O_3/ZrO_2 Composites Prepared by Gelcasting [J]. Key Engineering Materials，2005，280-283（5）：1057-1060.

[29] 邓建新，艾兴. AlO_3-TiB_2-SiCw 复合陶瓷材料摩擦磨损特性的试验研究 [J]. 摩擦学学报，1997（4）：289-294.

[30] Garnier V，Fantozzi G，Nguyen D，et al. Influence of SiC whisker morphology and nature of SiC/Al_2O_3，interface on thermomechanical properties of SiC reinforced Al_2O_3 composites [J]. Journal of the European Ceramic Society，2005，25（15）：3485-3493.

[31] 彭晓峰，黄校先，张玉峰. 碳化硅晶须补强氧化铝复合材料的制备及其力学性能 [J]. 无机材料学报，1998（4）：469-476.

[32] Gao L，Wang H Z，Hong J S，et al. Mechanical Properties and Microstructure of Nano-SiC-Al_2O_3 Composites Densified by Spark Plasma Sintering [J]. Journal of the European Ceramic Society，1999，19（5）：609-613.

[33] 刘雪飞. SiC 晶须与纳米颗粒协同增韧 Al_2O_3 基陶瓷刀具及其切削性能研究 [D]. 济南：山东大学，2015.

[34] Song G M，Zhou Y，Sun Y，et al. Modelling of combined reinforcement of ceramic composites by whisker and transformation toughening [J]. Ceramics International，1998，24（7）：521-525.

[35] Lei T C，Ge Q L，Zhou Y，et al. Microstructure and fracture behavior of an $Al_2O_3/ZrO_2/SiCw$ ceramic composite [J]. Ceramics International，1994，20（2）：91-97.

[36] Ye F，Lei T C，Meng Q C，et al. Interface structure and mechanical properties of Al_2O_3-20 vol% ZrO_2-20 vol% SiC W，ceramic composite [J]. Journal of Materials Science，1995，30（18）：4549-4555.

[37] 兰俊思，丁培道，黄楠. SiC 晶须和 Ti（C，N）颗粒协同增韧 Al_2O_3 陶瓷刀具的研究 [J]. 材料科学与工程学报，2004，22（1）：59-64.

［38］ Grigoriev M，Kotelnikov N，Buyakova S，et al. Microstructure，mechanical properties and machining performance of hot-pressed Al_2O_3- ZrO_2- TiC composites ［J］. 2016，116（1）.

［39］ 邹东利，路学成. 陶瓷材料增韧技术及其韧化机理 ［J］. 陶瓷，2007（6）：5-11.

［40］ Barai P，Weng G J. A theory of plasticity for carbon nanotube reinforced composites ［J］. International Journal of Plasticity，2011，27（4）：539-559.

［41］ Cha S I，Kim K T，Lee K H，et al. Strengthening and toughening of carbon nanotube reinforced alumina nanocomposite fabricated by molecular level mixing process ［J］. Scripta Materialia，2005，53（7）：793-797.

［42］ Ramirez C，Osendi M I，Miranzo P，et al. Graphene nanoribbon ceramic composites ［J］. Carbon，2015，90：207-214.

［43］ Niihara K. New design concept of structural ceramics：ceramic nanocomposites ［J］. Journal of the Ceramic Society of Japan，1991，99（10）：974-982.

［44］ Tan H L，Yang W. Toughening mechanisms of nano-composite ceramics ［J］. Mechanics of Materials，1998，30（2）：111-123.

［45］ Awaji H，Choi S M，Yagi E. Mechanisms of toughening and strengthening in ceramic-based nanocomposites. Mechanics of Materials，2002，34（7）：411-422.

［46］ Song S X，Ai X，Zhao J，et al. Al_2O_3/Ti（C0. 3N0. 7）cutting tool material ［J］. Materials Science and Engineering A，2003，356（1-2）：43-47.

［47］ Lv Z J，Ai X，Zhao J. Mechanical Properties and Microstructure of Si_3N_4-TiC Nanocomposites，Journal of Materials Science and Technology，2005，21（6）：899-902.

［48］ Huang C Z，Liu H L，Wang J，et al. Multi-scale and multi-phase nanocomposite ceramic tools and cutting performance. Chinese Journal of Mechanical Engineering（English Edition），2007，20（5）：5-7.

［49］ Zhao J，Yuan X L，Zhou Y H. Cutting performance and failure mechanisms of an Al_2O_3/WC/TiC micro- nano-composite ceramic tool. International Journal of

Refractory Metals and Hard Materials，2010，28（3）：330-337.

[50] Zhao J，Yuan X L，Zhou Y H. Processing and characterization of an Al₂O₃/ WC/TiC micro- nano-composite ceramic tool material. Materials Science and Engineering：A，2010，527（7-8）：1844-1849.

[51] 艾兴，赵军，刘战强，等. 推动陶瓷刀具研究走上国际先进行列. 中国机械工程，1999，10（9）：1033-1035.

[52] Ai X，Zhao J，Zhang J H. Development of an advanced ceramic tool material-functionally gradient cutting ceramics ［J］. Materials Science and Engineering A，1998，248（1-2）：125-131.

[53] Zhao J，Ai X. Fabrication and cutting performance of an Al₂O₃-（W，Ti）C functionally gradient ceramic tool ［J］. International Journal of Machining and Machinability of Materials，2006，1（3）：277-286.

[54] Deng J X，Duan Z X，Yun D L，et al. Fabrication and performance of Al₂O₃/ （W，Ti）C + Al₂O₃/TiC multilayered ceramic cutting tools ［J］. Materials Science and Engineering A，2010，527（4-5）：1039-1047.

[55] 邹斌. 新型自增韧氮化硅基纳米复合陶瓷刀具及性能研究 ［D］. 济南：山东大学，2006.

[56] Zheng G M，Zhao J，Zhou Y H，et al. Fabrication and characterization of Sialon-Si₃N₄ graded nano-composite ceramic tool materials ［J］. Composites Part B：Engineering，2011，42（7）：1813-1820.

[57] Zheng G M，Zhao J，Zhou Y H. Friction and wear behaviors of Sialon-Si₃N₄ graded nano-composite ceramic materials in sliding wear tests and in cutting processes ［J］. Wear，2012，290-291：41-50.

[58] Tian X H，Zhao J，Wang Z B，et al. Design and fabrication of Si₃N₄/（W， Ti）C graded nano-composite ceramic tool materials ［J］. Ceramics International，2016，42（12）：13497-13506.

[59] 薛旺录. 基于高速切削技术中刀具材料性能的研究与应用 ［J］. 兰州工业学院学报，2009，16（4）：39-44.

[60] 尹衍升，张景德. 氧化铝陶瓷及其复合材料 ［M］. 北京：化学工业出版

社，2001.

[61] 艾兴. 高速切削加工技术 [M]. 北京：国防工业出版社，2003.

[62] 邓建新，赵军. 数控刀具材料选用手册 [M]. 北京：机械工业出版社，2005.

[63] 徐友仁. 氮化硅陶瓷晶界相设计及晶界性能改善 [J]. 硅酸盐通报，1989
(5)：105-114.

[64] 郭景坤. 陶瓷晶界应力设计 [J]. 无机材料学报，1995 (1)：27-31.

[65] 郭新，袁润章. 氧化锆晶界设计——氧化物陶瓷晶界设计探索 [J]. 中国科
学：技术科学，1996，26 (1)：79-85.

[66] Daniel R，Meindlhumer M，Baumegger W，et al. Grain boundary design of
thin films：Using tilted brittle interfaces for multiple crack deflection toughe-
ning [J]. Acta Materialia，2016，122：130-137.

[67] 金义矿. 功能化石墨烯/聚合物复合系统的界面特性与力学性能增强 [D]. 重
庆：重庆大学，2016.

[68] Ramanathan T，Abdala A A，Stankovich S，et al. Functionalized graphene
sheets for polymer nanocomposites [J]. Nature Nanotechnology，2008，3
(6)：327-331.

[69] 官礼知. 表界面可控的石墨烯基功能复合材料的构筑及其力学行为研究 [D].
杭州：杭州师范大学，2016.

[70] Stankovich S，Piner R D，Nguyen S B T，et al. Synthesis and exfoliation of i-
socyanate-treated graphene oxide nanoplatelets [J]. Carbon，2006，44 (15)：
3342-3347.

[71] Li X，Wang X，Zhang L，et al. Chemically derived，ultrasmooth graphene na-
noribbon semiconductors [J]. Science，2008，319 (5867)：1229-1232.

[72] Park S，Ruoff R S. Chemical methods for the production of graphenes [J].
Nature nanotechnology，2009，4 (4)：217-224.

[73] 杨文彬，张丽，刘菁伟，等. 石墨烯复合材料的制备及应用研究进展 [J]. 材
料工程，2015，43 (3)：91-97.

[74] Liu J，Yan H，Jiang K. Mechanical properties of graphene platelet-reinforced a-
lumina ceramic composites [J]. Ceramics International，2013，39 (6)：

6215-6221.

[75] Fan Y, Wang L, Li J, et al. Preparation and electrical properties of graphene nanosheet/Al_2O_3 composites [J]. Carbon, 2010, 48 (6): 1743-1749.

[76] Wang K, Wang Y, Fan Z, et al. Preparation of graphene nanosheet/alumina composites by spark plasma sintering [J]. Materials Research Bulletin, 2011, 46 (2): 315-318.

[77] Walker L S, Marotto V R, Rafiee M A, et al. Toughening in graphene ceramic composites [J]. Acs Nano, 2011, 5 (4): 3182-3190.

[78] Shon I J. Enhanced Mechanical Properties of TiN-Graphene Composites Rapidly Sintered by High-Frequency Induction Heating [J]. Ceramics International, 2017, 43 (1): 890-896.

[79] Kim W, Oh H S, Shon I J. The effect of graphene reinforcement on the mechanical properties of Al_2O_3 ceramics rapidly sintered by high-frequency induction heating [J]. International Journal of Refractory Metals & Hard Materials, 2015, 48: 376-381.

[80] Tapasztó O, Kun P, Wéber F, et al. Silicon nitride based nanocomposites produced by two different sintering methods [J]. Ceramics International, 2011, 37 (8): 3457-3461.

[81] Vu D T, Han Y H, Lee D Y. Spark Plasma Sintered ZrO_2: Effect of Sintering Temperature and the Addition of Graphene Nano-Platelets on Mechanical Properties [J]. Science of Advanced Materials, 2016, 8 (2): 408-413.

[82] Liu J, Yan H, Jiang K. Mechanical properties of graphene platelet-reinforced alumina ceramic composites [J]. Ceramics International, 2013, 39 (6): 6215-6221.

[83] Cheng Y, Zhang Y, Wan T Y, et al. Mechanical properties and toughening mechanisms of graphene platelets reinforced Al_2O_3/TiC composite ceramic tool materials by microwave sintering [J]. Materials Science & Engineering A, 2017, 680: 190-196.

[84] Yang Y P, Li B, Zhang C R, et al. Fabrication and properties of graphene re-

inforced silicon nitride composite materials [J]. Materials Science & Engineering A，2015，644：90-95.

[85] Zhang L，Wang Z，Wu J，et al. Comparison of the homemade and commercial graphene in heightening mechanical properties of Al_2O_3 ceramic [J]. Ceramics International，2017，43（2）：2143-2149.

[86] An Y，Xu X，Gui K. Effect of SiC whiskers and graphene nanosheets on the mechanical properties of ZrB_2-SiC_w-Graphene ceramic composites [J]. Ceramics International，2016，42（12）：14066-14070.

[87] Meng X，Xu C，Xiao G，et al. Microstructure and anisotropy of mechanical properties of graphene nanoplate toughened Al_2O_3-based ceramic composites [J]. Ceramics International，2016，42（14）：16090-16095.

[88] Rutkowski P，Stobierski L，Górny G，et al. Fracture toughness of hot-pressed Si_3N_4-graphene composites [J]. 2014，66：463-469.

[89] Tapasztó O，Tapasztó L，Markó M，et al. Dispersion patterns of graphene and carbon nanotubes in ceramic matrix composites [J]. Chemical Physics Letters，2011，511（4）：340-343.

[90] Walker L S，Marotto V R，Rafiee M A，et al. Toughening in graphene ceramic composites [J]. Acs Nano，2011，5（4）：3182-3190.

[91] Yadhukulakrishnan G B，Karumuri S，Rahman A，et al. Spark plasma sintering of graphene reinforced zirconium diboride ultra-high temperature ceramic composites [J]. Ceramics International，2013，39（6）：6637-6646.

[92] Cheng Y，Zhang Y，Wan T，et al. Mechanical properties and toughening mechanisms of graphene platelets reinforced Al_2O_3/TiC composite ceramic tool materials by microwave sintering [J]. Materials Science & Engineering A，2016.

[93] 赵琰. 石墨烯/碳纳米管/双相磷酸钙生物陶瓷复合材料研究 [D]. 济南：山东大学，2013.

[94] Tapasztó O，Tapasztó L，Markó M，et al. Dispersion patterns of graphene and carbon nanotubes in ceramic matrix composites [J]. Chemical Physics Letters，

2011，511（4）：340-343.

［95］ Kvetková L，Duszová A，Hvizdoš P，et al. Fracture toughness and toughening mechanisms in graphene platelet reinforced Si3N4 composites ［J］. Scripta Materialia，2012，66（10）：793-796.

［96］ 王红霞，赵辉. 石墨烯改性机械陶瓷刀具的性能研究 ［J］. 中国陶瓷，2016，52（6）：57-61.

［97］ Meng X L，Xu C H，Xiao G C，et al. Microstructure and anisotropy of mechanical properties of graphene nanoplate toughened Al_2O_3-based ceramic composites ［J］. Ceramics International，2016，42（14）：16090-16095.

［98］ Wang K，Wang Y，Fan Z，et al. Preparation of graphene nanosheet/alumina composites by spark plasma sintering ［J］. Materials Research Bulletin，2011，46（2）：315-318.

［99］ Liu S T，Cheng G D，Gu Y，et al. Mapping method for sensitivity analysis of composite material property ［J］. Structural & Multidisciplinary Optimization，2002，24（24）：212-217.

［100］ 张卫红，汪雷，孙士平. 基于导热性能的复合材料微结构拓扑优化设计 ［J］. 航空学报，2006，27（6）：1229-1233.

［101］ Hajibeygi H，Karvounis D，Jenny P. A hierarchical fracture model for the iterative multiscale finite volume method ［J］. Journal of Computational Physics，2011，230（24）：8729-8743.

［102］ Ulz M H. Coupling the finite element method and molecular dynamics in the framework of the heterogeneous multiscale method for quasi-static isothermal problems ［J］. Journal of the Mechanics & Physics of Solids，2015，74：1-18.

［103］ Masud A，Franca L P. A hierarchical multiscale framework for problems with multiscale source terms ［J］. Computer Methods in Applied Mechanics & Engineering，2008，197（33）：2692-2700.

［104］ Ghanbari J，Naghdabadi R. Nonlinear hierarchical multiscale modeling of cortical bone considering its nanoscale microstructure ［J］. Journal of Biomechanics，2009，42（10）：1560-1565.

[105] Roters F，Eisenlohr P，Hantcherli L，et al. Overview of constitutive laws，kinematics，homogenization and multiscale methods in crystal plasticity finite-element modeling：Theory，experiments，applications [J]. Acta Materialia，2010，58（4）：1152-1211.

[106] Vattré A，Devincre B，Feyel F，et al. Modelling crystal plasticity by 3D dislocation dynamics and the finite element method：The Discrete-Continuous Model revisited [J]. Journal of the Mechanics & Physics of Solids，2014，63（2）：491-505.

[107] Yu H H，Diab M. Boundary integral equations for 2D elasticity and its application in discrete dislocation dynamics simulation in finite body：1. General theory [J]. International Journal of Solids & Structures，2014，51（3-4）：673-679.

[108] Diab M，Yu H H. Boundary integral equations for 2D elasticity and its application in discrete dislocation simulation in finite body：2. Numerical implementation [J]. International Journal of Solids & Structures，2014，51（3-4）：680-689.

[109] Quek S S，Wu Z，Zhang Y W，et al. Polycrystal deformation in a discrete dislocation dynamics framework [J]. Acta Materialia，2014，75（9）：92-105.

[110] Zhang Y，Xu R，Liu B，et al. An electromechanical atomic-scale finite element method for simulating evolutions of ferroelectric nanodomains [J]. Journal of the Mechanics & Physics of Solids，2012，60（8）：1383-1399.

[111] Shi M X，Li Q M，Liu B，et al. Atomic-scale finite element analysis of vibration mode transformation in carbon nanorings and single-walled carbon nanotubes [J]. International Journal of Solids & Structures，2009，46（25）：4342-4360.

[112] Meguid S A，Wernik J M，Cheng Z Q. Atomistic-based continuum representation of the effective properties of nano-reinforced epoxies [J]. International Journal of Solids and Structures，2010，47（13）：1723-1736.

[113] Sfantos G K, Aliabadi M H. Multi-scale boundary element modelling of material degradation and fracture [J]. Computer Methods in Applied Mechanics & Engineering, 2007, 196 (7): 1310-1329.

[114] Lee J D, Wang X Q, Chen Y P. Multiscale material modeling and its application to a dynamic crack propagation problem [J]. Theoretical and Applied Fracture Mechanics, 2009, 51 (1): 33-40.

[115] Clayton J D, Kraft R H, Leavy R B. Mesoscale modeling of nonlinear elasticity and fracture in ceramic polycrystals under dynamic shear and compression [J]. International Journal of Solids and Structures, 2012, 49 (18): 2686-2702.

[116] Quey R, Dawson P R, Barbe F. Large-scale 3D random polycrystals for the finite element method: Generation, meshing and remeshing, Computer Methods in Applied Mechanics and Engineering [J]. Computer Methods in Applied Mechanics And Engineering, 2011, 200: 1729-1745.

[117] Hohenberg P, Kohn W. Inhomogeneous electron gas [J]. Physical Review, 1964, 136 (3): B864.

[118] Kohn W, Sham L J. Self-consistent equations including exchange and correlation Effects [J]. Physical Review, 1965, 140 (4A): A1133-A1138.

[119] Troullier N, Martins J L. Efficient pseudopotentials for plane-wave calculations [J]. Physical Review B Condensed Matter, 1991, 43 (3): 1993.

[120] Hamann D R. Generalized norm-conserving pseudopotentials [J]. Physical Review B Condensed Matter, 1989, 40 (5): 2980.

[121] Hamann D R. Semiconductor Charge Densities with Hard-Core and Soft-Core Pseudopotentials [J]. Physical Review Letters, 1979, 42 (10): 662-665.

[122] Bachelet G B, Hamann D R, Schlüter M. Pseudopotentials that work: From H to Pu [J]. Physical Review B Condensed Matter, 1982, 26 (8): 2309-2309.

[123] http://www.physics.rutgers.edu/~dhv/uspp/.

[124] Laasonen K, Car R, Lee C, et al. Implementation of ultrasoft pseudopoten-

tials in ab initio molecular dynamics. [J]. Physical Review B Condensed Matter，1991，43（8）：6796.

[125] Blöchl P E. Projector augmented-wave method. [J]. Phys Rev B Condens Matter，1994，50（24）：17953-17979.

[126] Blöchl P E. Electrostatic decoupling of periodic images of plane wave expanded densities and derived atomic point charges [J]. Journal of Chemical Physics，1995，103（17）：7422-7428.

[127] Kresse G，Joubert D. From ultrasoft pseudopotentials to the projector augmented-wave method [J]. Phys. rev. b，1999，59（3）：1758-1775.

[128] Schonberger U，Andersen O K ，Methfessel M . Bonding at metal-ceramic interfaces；AB Initio density-functional calculations for Ti and Ag on MgO [J]. Acta Metallurgica Et Materialia，1992，40：S1-S10.

[129] Mizuno M，Tanaka I，Adachi H. Chemical bonding at the Fe/TiX（X＝C，N or O）interfaces [J]. Acta Materialia，1998，46（5）：1637-1645.

[130] Mikael C，Sergey D，Göran W. First-principles simulations of metal-ceramic interface adhesion：Co/WC vs Co/TiC [C] // Aps Meeting. APS Meeting Abstracts，2001.

[131] Dudiy S V ，Lundqvist B I . First-principles density-functional study of metal-carbonitride interface adhesion：Co/TiC（001）and Co/TiN（001） [J]. Physical Review B，2001，64（4）：314-319.

[132] Dudiy S V . Effects of Co magnetism on Co/TiC（001）interface adhesion：a first-principles study [J]. Surface science，2002，497（1-3）：171-182.

[133] 李瑞. Ni-Al$_2$O$_3$ 界面相互作用的第一性原理研究 [D]. 哈尔滨：哈尔滨工业大学，2015.

[134] Zhukovskii Y F ，Kotomin E A ，Herschend B ，et al. The adhesion properties of the Ag/α-Al$_2$O$_3$ interface：an ab initio study [J]. Surface science，2002.

[135] Arya A ，Carter E A . Structure，bonding，and adhesion at the TiC（100）/ Fe（110）interface from first principles [J]. Journal of Chemical Physics，2003，118（19）：8982.

[136] 王绍青. 金属/陶瓷异质界面的第一原理计算研究 [J]. 中国基础科学, 2006, 7 (05): 15-16.

[137] 刘东亮, 邓建国, 余祖孝. α-Al₂O₃ 电子结构对其力学性能的贡献 [J]. 计算机与应用化学, 2007, 24 (9): 1245-1248.

[138] 张涛. 第一性原理研究 Al₂O₃ 异构体的电子结构和光学性质 [D]. 哈尔滨: 哈尔滨工业大学, 2009.

[139] Kenny S D. Ab initio modelling of alumina [J]. Philosophical Magazine Letters, 1998, 78 (6): 469-476.

[140] Heid R, Strauch D, Bohnen K P. Ab initio, lattice dynamics of sapphire [J]. Phys. rev. b, 2000, 61 (13): 8625-8627.

[141] Yao H, Ouyang L, Ching W Y. Ab initio calculation of elastic constants of ceramic crystals [J]. Journal of the American Ceramic Society, 2010, 90 (10): 3194-3204.

[142] Shang S L, Wang Y, Liu Z K. First-principles elastic constants of α- and θ- Al₂O₃ [J]. Applied Physics Letters, 2007, 90 (10): 349.

[143] Gladden J R, So J H, Maynard J D, et al. Reconciliation of ab initio theory and experimental elastic properties of Al₂O₃ [J]. Applied Physics Letters, 2004, 85 (3): 392-394.

[144] 孙岚, 潘金生. TiC 颗粒增韧 MoSi 基复合材料的力学性能 [J]. 材料工程, 2001 (9): 31-34.

[145] Zhukov V P, Gubanov V A, Jepsen O, et al. Calculated energy-band structures and chemical bonding in titanium and vanadium carbides, nitrides and oxides [J]. Journal of Physics & Chemistry of Solids, 1988, 49 (7): 841-849.

[146] Grossman J C, Mizel A, CÔ M, et al. Transition metals and their carbides and nitrides: Trends in electronic and structural properties [J]. Physical Review B Condensed Matter, 1999, 60 (9): 6343-6347.

[147] Guemmaz M, Mosser A, Ahujab R, et al. Elastic properties of sub-stoichiometric titanium carbides: Comparison of FP-LMTO calculations and experi-

mental results [J]. Solid State Communications，1999，110（6）：299-303.

[148] 王强. TiN 和 TiC 性质的第一性原理研究 [D]. 长春：吉林大学，2008.

[149] Arya A，Carter E A. Structure，bonding，and adhesion at the TiC（100）/ Fe（110）interface from first principles [J]. Surface Science，2003，118（19）：8982-8996.

[150] Suzuki H，Matsubara H，Kishino J，et al. Simulation of Surface and Grain Boundary Properties of Alumina by Molecular Dynamics Method [J]. Journal of the Ceramic Society of Japan，1998，106（1240）：1215-1222.

[151] 章伟. 氧化铝基纳米陶瓷刀具材料界面分子动力学模拟研究 [D]. 济南：山东大学，2010.

[152] 王保栋. $TiAl/Al_2O_3$ 界面相互作用第一性原理研究 [D]. 哈尔滨：哈尔滨工业大学，2012.

[153] Soares E A，Hove M A V，Walters C F，et al. Structure of the α— Al_2O_3 （0001），surface from low-energy electron diffraction：Al termination and evidence for anomalously large thermal vibrations [J]. Phys. rev. b，2002，65（19）：195405.

[154] Wang L，Fang L H，Gong J H. First-principles study of TiC（110）surface [J]. Transactions of Nonferrous Metals Society of China，2012，22（1）：170-174.

[155] 刘许旸. Ti-Al 系熔体与陶瓷的润湿性及界面相互作用的行为研究 [D]. 重庆：重庆大学，2016.

[156] Donald J. Siegel，Louis G. Hector，Jr，James B. Adams. Adhesion，atomic structure，and bonding at the interface：A first principles study [J]. Physical Review B，2002，65（8）：5415.

[157] 李旭东. 材料结构的弱点 I. 基本概念与科学问题 [C]. 第十三届全国疲劳与断裂学术会议论文集 2006：16-21.

[158] 魏勤学，刘旺玉. 复合材料计算机辅助定量化结构设计 [J]. 材料导报，2002，16（7）：51-54.

[159] 王东. 微纳米复合陶瓷刀具材料计算机辅助设计及其切削性能研究 [D]. 济

南：山东大学，2014.

[160] Bishop J E. Simulating the pervasive fracture of materials and structures using randomly close packed Voronoi tessellations [J]. Computational Mechanics, 2009, 44 (4): 455-471.

[161] Fritzen F, Böhlke T, Schnack E. Periodic three-dimensional mesh generation for crystalline aggregates based on Voronoi tessellations [J]. Computational Mechanics, 2009, 43 (5): 701-713.

[162] Quey R, Dawson P R, Barbe F. Large-scale 3D random polycrystals for the finite element method: Generation, meshing and remeshing [J]. Computer Methods in Applied Mechanics & Engineering, 2011, 200 (17): 1729-1745.

[163] Camacho G T, Ortiz M. Computational modeling of impact damage in brittle materials [J]. Int J Solids Struct 1996, 33 (20-22): 2899-2983.

[164] Camanho P P, Davila C G, De Moura M F. Numerical Simulation of Mixed-Mode Progressive Delamination in Composite Materials [J]. Journal of Composite Materials, 2003, 37 (16): 1415-1438.

[165] Diehl T. On using a penalty-based cohesive-zone finite element approach, Part I: Elastic solution benchmarks [J]. International Journal of Adhesion & Adhesives, 2008, 28 (4-5): 237-255.

[166] Diehl T. On using a penalty-based cohesive-zone finite element approach, Part II: Inelastic peeling of an epoxy-bonded aluminum strip [J]. International Journal of Adhesion & Adhesives, 2008, 28 (4-5): 256-265.

[167] Hill R. A self-consistent mechanics of composite materials [J]. Journal of the Mechanics & Physics of Solids, 1965, 13 (4): 213-222.

[168] Christensen R M, Lo K H. Solutions for effective shear properties in three phase sphere and cylinder models [J]. Journal of the Mechanics & Physics of Solids, 1979, 27 (4): 315-330.

[169] Christensen R M. A critical evaluation for a class of micro-mechanics models [J]. Journal of the Mechanics & Physics of Solids, 1990, 38 (3): 379-404.

[170] Mori T, Tanaka K. Average stress in matrix and average elastic energy of ma-

terials with misfitting inclusions [J]. Acta Metallurgica，1973，21（5）：571-574.

[171] Hassani B，Hinton E. A review of homogenization and topology opimization Ⅱ——analytical and numerical solution of homogenization equations [J]. Computers & Structures，1998，69（6）：719-738.

[172] Hassani B，Hinton E. A review of homogenization and topology optimization Ⅲ——topology optimization using optimality criteria [J]. Computers & Structures，1998，69（6）：707-717.

[173] 任萍萍. 氧化铝基复合陶瓷的制备和性能测试 [D]. 合肥：合肥工业大学，2004.

[174] 邓建新，艾兴. Al_2O_3/TiB_2 陶瓷材料的室温摩擦磨损特性研究 [J]. 材料科学与工程学报，1996（2）：45-48.

[175] Siemers P A，Mehan R L，Moran H. A comparison of the uniaxial tensile and pure bending strength of SiC filaments [J]. Journal of materials science，1988，23（4）：1329-1333.

[176] 叶大伦，胡建华. 实用无机物热力学数据手册 [M]. 北京：冶金工业出版社，2002.

[177] 全国工业陶瓷标准化技术委员会. GB/T 16534—2009 精细陶瓷室温硬度试验方法 [S]. 2009.

[178] Evans A G，Charles E A. Fracture Toughness Determinations by Indentation [J]. Journal of the American Ceramic Society，2010，59（7-8）：371-372.

[179] 柳军旺，郭英奎，石春艳. TiC 含量及烧结温度对 Al_2O_3/TiC 复合陶瓷材料力学性能的影响 [J]. 哈尔滨理工大学学报，2008，13（6）：114-116.

[180] Thompson P，Cox D E，Hastings J B. Rietveld refinement of Debye-Scherrer synchrotron X-ray data from Al_2O_3 [J]. Journal of Applied Crystallography，1987，20（2）：79-83.

[181] Kim W，Oh H S，Shon I J. The effect of graphene reinforcement on the mechanical properties of Al_2O_3，ceramics rapidly sintered by high-frequency induction heating [J]. International Journal of Refractory Metals & Hard Ma-

terials，2015，48：376-381.

[182] 王红霞，赵辉. 石墨烯改性机械陶瓷刀具的性能研究 [J]. 中国陶瓷，2016，52（6）：57-61.

[183] Kvetková L，Duszová A，Hvizdoš P，et al. Fracture toughness and toughening mechanisms in graphene platelet reinforced Si_3N_4，composites [J]. Scripta Materialia，2012，66（10）：793-796.

[184] JI Y，Yeomans J A. Processing and mechanical properties of Al_2O_3-5 vol.% Cr nanocomposites . J. Eur. Ceram. Soc.，2002，22（12）：1927-1936.

[185] Rao R，Podila R，Tsuchikawa R，et al. Effects of layer stacking on the combination raman modes in graphene [J]. Acs Nano，2011，5（3）：1594-9.

[186] Ramirez C，Osendi M I. Toughening in ceramics containing graphene fillers [J]. Ceramics International，2014，40（7）：11187-11192.

[187] 邓钏，葛晓陵，尹力，等. 石墨烯的制备及石墨的剥离与团聚力学性能研究 [J]. 中国粉体技术，2016，22（1）：56-62.

[188] Meng X，Xu C，Xiao G，et al. Microstructure and anisotropy of mechanical properties of graphene nanoplate toughened Al_2O_3-based ceramic composites [J]. Ceramics International，2016，42（14）：16090-16095.

[189] 周咏辉. Al_2O_3 基纳米复合陶瓷刀具材料的研制及切削性能研究 [D]. 济南：山东大学，2009.

[190] 宋世学，艾兴，赵军. Al_2O_3/TiC 纳米复合刀具材料的制备及切削性能研究 [J]. 中国机械工程，2003，14（17）：2751-2754.

[191] 张建民. γ-Fe（111），Co（0001），Ni（111），C（0001）晶面电子密度计算及触媒作用优劣的价电子结构分析 [J]. 陕西师范大学学报：自然科学版，1999，27（4）：36-40.

[192] 刘伟东，屈华，刘志林. 双相 TiAl 合金 $α_2$/γ 界面电子结构计算与增韧机制分析 . 稀有金属材料与工程，2005，34（2）：199-204.

[193] Claussen N，Steeb J. Toughening of Ceramic Composites by Oriented Nucleation of Microcracks [J]. Journal of the American Ceramic Society，2010，59（9-10）：457-458.

[194] 张鹏飞. 电机主轴激光修复层组织及断裂研究 [D]. 济南：山东大学，2015.

[195] Kumar A S，Durai A R，Sornakumar T. Wear behaviour of alumina based ceramic cutting tools on machining steels [J]. Tribology International，2006，39（3）：191-197.

[196] 陈日曜. 金属切削原理 [M]. 第2版. 北京：机械工业出版社，1993.

[197] Recht R F. A Dynamic Analysis of High-Speed Machining [J]. Journal of Engineering for Industry，1985，107（4）：309-315.

[198] Komanduri R，Turkovich B F V. New observations on the mechanism of chip formation when machining titanium alloys [J]. Wear，1981，69（2）：179-188.

[199] 苏国胜，刘战强，杜劲，等. 锯齿形切屑变形表征与其形态演化研究 [J]. 农业机械学报，2010，41（11）：223-227.

[200] 李瑞，陆天扬. 碳纳米管与石墨烯作为润滑油添加剂对界面摩擦磨损性能的影响 [J]. 中国科技论文，2015（10）：1123-1126.

[201] Belmonte M，Ramírez C，González-Julián J，et al. The beneficial effect of graphene nanofillers on the tribological performance of ceramics [J]. Carbon，2013，61（11）：431-435.

[202] 谭云成，杨建东，夏仁丰. 考虑刀具磨损时的理论切削力 [J]. 长春理工大学学报：社会科学版，1995（2）：41-45.

[203] 刘战强，艾兴. 高速切削刀具磨损表面形态研究 [J]. 摩擦学学报，2002，22（6）：468-471.

[204] 李家仪. 毛刺引起的边界磨损增大及抑制措施 [J]. 工具技术，1987（05）：37-39.

[205] 肖茂华，何宁，李亮，等. 镍基合金高速切削中锯齿状切屑毛边和刀具磨损研究 [J]. 工具技术，2009，43（6）：32-36.

[206] 刘战强，艾兴. 高速切削刀具磨损寿命的研究 [J]. 工具技术，2001，35（12）：3-7.

区，比如县（不含下秋卡区、恰则区），索县。

四类区

那曲县，嘉黎县（不含尼屋区），申扎县，巴青县江绵区、仓来区、巴青区、本索区，聂荣县，尼玛县，比如县下秋卡区、恰则区，班戈县，安多县。

阿里地区

四类区

噶尔县，措勤县，普兰县，革吉县，日土县，札达县，改则县。

区，聂拉木县县驻地，吉隆县吉隆区，亚东县县驻地、下司马镇、下亚东区、上亚东区，谢通门县县驻地、恰嘎区，仁布县县驻地、仁布区、德吉林区，白朗县（不含汪丹区），南木林县多角区、艾玛岗区、土布加区，樟木口岸。

三类区

定结县县驻地、陈塘区、萨尔区、定结区、金龙区，萨迦县（不含孜松区、吉定区），江孜县（不含卡麦区、重孜区），拉孜县县驻地、曲下区、温泉区、柳区，定日县（不含卡达区、绒辖区），康马县，聂拉木县（不含县驻地），吉隆县（不含吉隆区），亚东县帕里镇、堆纳区，谢通门县塔玛区、查拉区、德来区，昂仁县（不含桑桑区、查孜区、措麦区），萨嘎县旦嘎区，仁布县帕当区、然巴区、亚德区，白朗县汪丹区，南木林县（不含多角区、艾玛岗区、土布加区）。

四类区

定结县德吉（日屋区），谢通门县春哲（龙桑）区、南木切区，昂仁县桑桑区、查孜区、措麦区，岗巴县，仲巴县，萨嘎县（不含旦嘎区）。

林芝市

二类区

巴宜区，朗县，米林市，察隅县，波密县，工布江达县（不含加兴区、金达乡）。

三类区

墨脱县，工布江达县加兴区、金达乡。

那曲市

三类区

嘉黎县尼屋区，巴青县县驻地、高口区、益塔区、雅安多